JN441152

발효, 문명을 빚고 생명을 살리다

Probiotics: 기능성을 넘어 미래산업으로

신동화 지음 | **채수완** 감수

자유아카데미

이 책을 읽는 독자들에게

조심스러운 마음으로 이 책을 내놓습니다. 대학에서 전공분야를 공부하며, 스스로에게 '내가 진정으로 흥미를 느끼는 분야는 무엇일까'라는 질문을 품고 답을 찾아가는 과정에서, 눈에 보이지 않을 만큼 작은 생명체인 미생물이 수행하는 작용에 관심을 갖게 되었습니다. 그 결과, 미생물의 역할과 기능, 그리고 인간과의 관계를 주의 깊게 살펴보기 시작했습니다.

관찰을 이어가다 보니, 미생물의 작용은 인간에게 유익한 영역과 해를 끼칠 수 있는 영역으로 나뉜다는 사실을 알게 되었습니다. 그중 문제를 일으킬 수 있는 부분은 식품위생 분야로, 반대로 이로움을 주는 역할은 발효 분야와 깊이 연결되어 있음을 어렴풋이 깨닫게 되었고, 이 두 분야에 관심을 갖고 더욱 흥미를 갖게 되는 계기가 되었습니다.

이번에 내놓은 『발효, 문명을 빚고 생명을 살리다』는 우리 인간에게 미생물이 제공하는 다양한 장점 가운데서도 발효식품이 차지하는 비중이 얼마나 큰지를 보여 주며, 동시에 그것이 개인의 건강과도 밀접하게 맞닿아 있음을 알게 되었습니다.

우리 주변에는 오랜 역사를 지닌 다양한 발효식품이 있고, 이들은 오늘날까지도 우리의 식탁에서 중요한 자리를 차지하고 있습니다. 발효식품은 자연이 만들어낸 농·축·수산물을 원료로 하여, 적절한 조건이 갖추어질 때 여러 미생물이 작용하여 변화를 일으키고 새로운 물질을 생성하는 과정에서 탄생합니다. 그 결과, 사용한 원료와는 크게 다른 기능과 특성을 지닌 독창적인 식품으로 재탄생하게 됩니다. 이러한 발효식품은 주식이거나 주식에 반드시 필요한 반찬이나 부식, 혹은 기호식품으로서 오랜 세월 인류의 역사와 함께해 왔습니다.

특히 우리 민족은 일찍부터 육식보다는 채식, 즉 동물성 자원보다 식물성 재료를 폭넓게 활용하는 지혜를 발휘해 왔으며, 이 과정에서 발효기법을 적극적으로 활용해 왔습니다. 발효는 풍미가 뚜렷하지 않은 식물성 재료를 맛과 향이 어우러진 독특한 식품으로 변화시키는, 말 그대로 마술과도 같은 역할을 해왔습니다.

미생물은 눈에 보이지 않을 만큼 작은 존재이지만, 생명체로서 필요한 유전자를 갖추고 증식과 생존에 필요한 조건을 모두 충족한, 이 세상에서 가장 작은 생물공장이라 할 수 있습니다. 조금만 관심을 갖고 이들의 기능을 살펴보면, 실로 놀라운 생화학적 작용을 수행하고 있음을 알 수 있습니다. 미생물은 주어진 환경을 최대한 활용해 생존에 필요한 에너지를 얻는 방법을 터득하고, 그 과정에서 새로운 물질을 만들어 냅니다. 인간은 이러한 미세한 생물공장의 기능을 활용해 발효식품은 물론, 의약품과 화장품 원료의 생산, 폐수 및 폐자원의 처리와 재활용 등 다양한 분야에서 놀라운 성과를 이루어 왔습니다.

이 책에서는 발효의 일반 개념과 미생물에 의해 만들어진 세계 각국의 발효식품을 총론적으로 살펴보고, 더 나아가 미생물 자체가 인체에 들어와 발휘하는 유익한 생리적 기능을 보다 심도 있게 고찰하였습니다. 또한 미생물을 활용해 여러 산업 분야에서 응용할 수 있는 가능성에 대해서도 개괄적으로 제시하고자 하였습니다.

아직 지식과 경험이 충분하지 못함을 드러내는 것 같아 부끄러운 마음이 앞서지만, 이 글이 발효와 미생물, 그리고 발효식품에 관심을 가진 분들께 작은 참고가 되어 필요한 지식을 나누고, 앞으로 함께 발전해 나가는 계기가 되기를 바랍니다. 나아가 지식과 정보의 공유를 통해 발효식품과 발효산업, 기능성식품 분야가 한 단계 더 도약하는 미래를 기대합니다.

끝으로 이 책의 부족한 부분과 미흡한 점을 바로잡아 주고 교정해 주신 전북대학교 의과대학 채수완 교수에게 깊은 감사를 드립니다. 아울러 출판을 흔쾌히 맡아주신 자유아카데미 임직원분들에게도 고마운 마음을 전합니다.

2026년 2월
저자 신동화

차 례

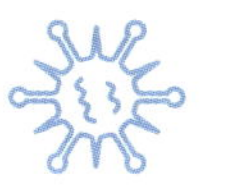
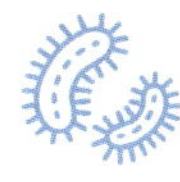
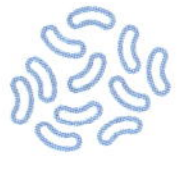

1장

발효의 일반개념

발효현상은 지구상에 최초로 출현한 생명체인 미생물이 환경에 적응하고 생존하기 위한 생리활동으로 시작되었으며, 생명의 진화와 함께 다양한 형태로 기능이 나타나게 되었다.

미생물은 초기 지구에 존재하는 다양한 유기물과 무기물을 활용하여 자신들의 생존을 위하여 생화학반응을 일으켰고, 이 과정에서 대기 조성에 꼭 필요한 산소, 탄산가스 등 기체와 유기산, 기능성 물질, 알코올, 항생물질 등 다양한 대사산물을 생성해왔다. 이러한 발효기능은 미생물의 생존전략이자, 생태계 내 상호작용의 매개체로 작용하였다.

인류는 이러한 자연발효 현상을 우연히 관찰하고 그 기능을 활용함으로써 발효식품 생산 등 그들의 기능을 이용하기 시작했으며, 이는 인류문명의 초기 단계부터 식량 저장, 기호성 증진, 영양소 보강, 보존성 향상, 독소 제거 등 실용적 역할을 통해 그들의 장점과 역할을 알게 되었고 이후 인간사회 전반에 긍정적인 역할을 해왔다.

오늘날 발효기술은 식품을 넘어 의약, 화장품, 에너지, 환경개선 산업 등 다양한 분야로 확장되고 있으며, 미생물이 만들어내는 발효산물 또한 기술의 발전과 함께 한층 더 다양해지고 있다. 특히 미생물의 생리기능을 조절하거나 유전자를 조작함으로써 목적하는 기능성 물질을 효율적으로 생산하고 적용 범위를 확대하는 등 여러 분야로 활용도를 넓히고 있다.

발효와 미생물의 기능

발효란 세균, 효모, 곰팡이 등 생명체인 미생물이 자연산물에 작용하여 후대를 잇고 자신의 생존에 필요한 에너지를 확보하는 과정에서 대사산물을 생성하는 생화학 반응이다. 이 과정에서 생성되는 부산물들은 미생물의 생존과는 관계가 없으나, 인간의 관점에서는 그 산물이 바람직하거나 유익할 수도 있고, 반대로 해를 끼치거나 무해·무익할 수도 있다.

일반적으로 '발효'는 인간에게 유익한 산물을 생성하는 경우를 총칭하며, 유해하거나 불쾌한 산물을 생성하는 경우는 '부패'로 구분하고 있다. 유익한 기능은 식품의 풍미 향상, 보존성 증진, 기능성 성분 생성 등 다양한 역할을 하고 있다. 최근에는 발효에 관여하는 미생물 자체가 인체, 특히 소화기관 내에서 건강에 긍정적인 영향을 미친다는 사실이 과학적으로 입증되면서, 발효연구는 발효된 식품을 넘어 생물학적·의학적 영역으로 그 기능이 확장되고 있다. 이러한 관점에서 인체 내·외부에 존재하며 생리적 기능에 영향을 미치는 미생물 군집은 '마이크로비오타(Microbiota)'라 하며, 이들의 유전자, 대사산물, 및 환경과의 상호작용까지 포괄하는 개념은 '마이크로바이옴(Microbiome)'이라 정의된다. 이 중에서도 소화기관 내에서 인간에게 유익한 작용을 하는 특정 미생물은 '프로바이오틱스(Probiotics)'로 정의하고, 이들의 성장을 돕는 먹이 역할을 하는 물질은 '프리바이오틱스(Prebiotics)'로 구분하고 있다. 이들은 모두 장내 생태계의 균형 유지 및 더 나아가서 건강 증진에 핵심적인 역할을 한다고 알려져 있다.

미생물이 유기물을 이용하여 변화시키는 과정을 나타내면 〈그림 1-1〉과 같다.

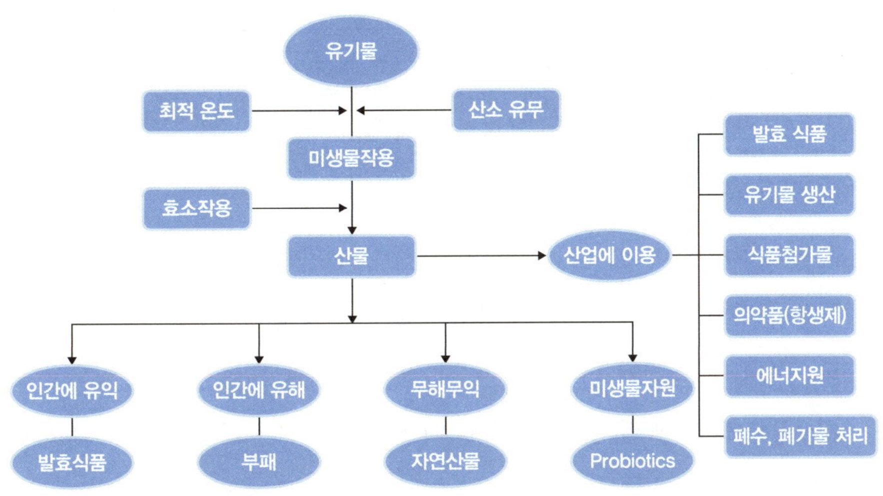

그림 1-1. 미생물에 의한 유기물의 변화 과정과 기능

그림 1-1에서 보는 것과 같이 미생물이 생물체 내에 가지고 있는 효소작

용에 의하여 다양한 기능을 발휘할 수 있으며 산업적으로도 이용하는 분야가 넓다.

발효에 관여하는 미생물은 다양한 변화를 일으켜 식품의 품질을 높이고, 원재료에는 없던 새로운 물질을 만들어내며, 식품의 물성을 개선하는 역할을 한다. 이들의 역할을 구분하면 〈그림 1-2〉와 같다.

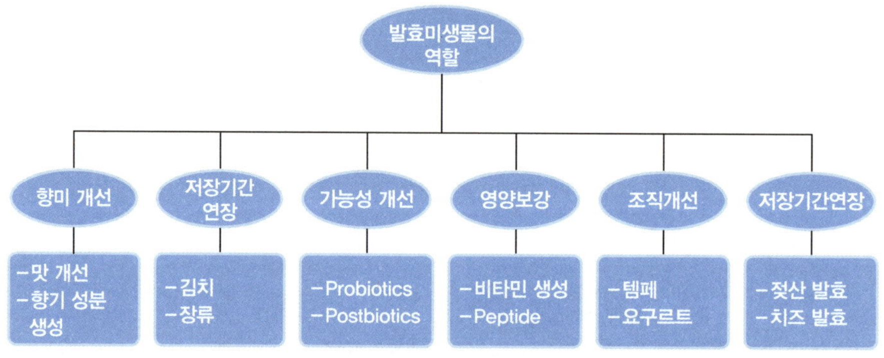

그림 1-2. 발효에 의한 식품의 기능개선

〈그림 1-2〉에서 보면 미생물은 자기 생존을 위한 여러 생리작용을 통하여 특성이 다른 산물이나 기능을 하고 있다. 발효에 관여하는 미생물은 증식하는 온도 등 조건에 따라 산물이나 작용 범위를 변화시킬 수 있으며 이용하는 용도도 크게 달라질 수 있다. 미생물은 주어진 조건에 따라 작용 특성이 변하며 기능과 산물도 달라진다. 식물이나 동물에 비하여 가장 빠르게 성장하며 주어진 조건에 가장 쉽게 적응하는 특징을 갖고 있어, 산업에서 이용하는 데 큰 장점으로 꼽는다.

발효식품의 특징은 미생물의 작용으로 다양한 대사산물이 생성된다는 점이며, 그중에서도 공통적으로 나타나는 대표적인 산물은 여러 종류의 유기산이다. 일부 젓갈류나 육류 발효식품에서는 암모니아나 아민 등 알칼리성 물질이 생성되어 최종제품이 염기성을 띠나 그 외 채소류, 우유, 과실류를 원료로 하여 발효하는 경우 대부분 여러 종류의 유기산을 생성하여 제품의 물성을 산성제품으로 변화시켜 타 미생물의 증식을 억제하여 저장기간을 연장 시킨다. 또한 풍미개선, 새로운 맛을 창조하는 역할을 한다. 이들 발효식품에서 생성되는 유기산류는 원료와 관여 균, 제품에 따라 다양하다.

발효기법 활용, 기대되는 이점

발효기법의 활용은 미생물의 고유한 기능을 최대한 살려 인간의 삶을 풍요롭고 건강하게 만드는 데 그 1차적 목적이 있다. 특히 발효식품은 식품의 보존성과 저장성을 높여 인간 생존에 기여하며, 건강 증진과 소화 기능 개선에도 도움을 준다. 또한 맛과 풍미를 향상시켜 식품의 가치를 높이고, 새로운 영양 성분을 생성하여 인체 건강을 지켜준다. 나아가 각 나라와 지역의 고유한 문화상품으로 자리 잡으며, 전통으로 계승·발전함으로써 자국의 위상을 높이고 있다(Gu, Y. et al, 2024).

1) 발효기법 활용 영역

발효기술은 다양한 산업영역으로 확대가 가능하며 발효식품을 포함 의약품, 비타민, 생리활성물질생산, 폐기물 처리와 재활용 등, 여러 분야에서 활용되고 있다. 이들 기능을 활용한 영역을 구분해 보면 〈그림 1-3〉과 같다

(신동화, 2025).

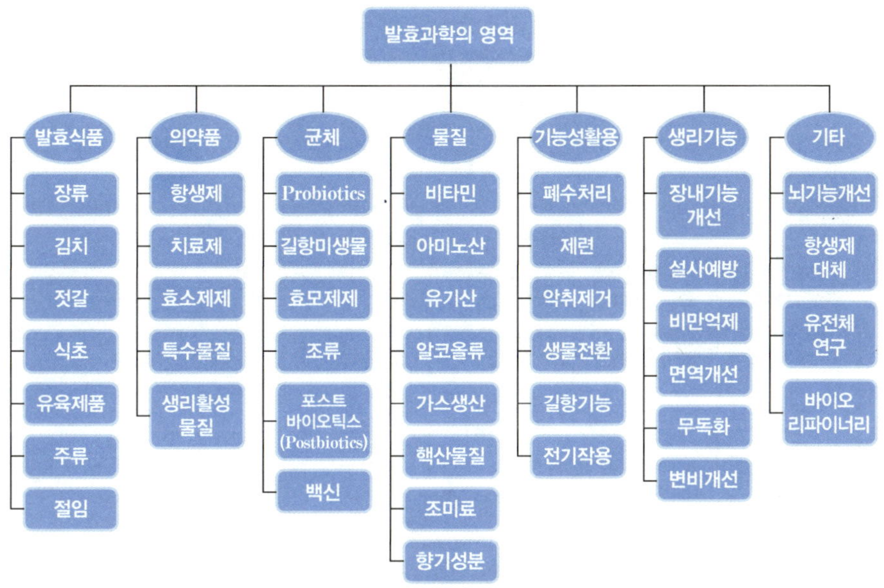

그림 1-3. 발효기술을 이용한 응용 분야

〈그림 1-3〉에서 보면 발효과학 기술은 폭넓게 활용되어 인간 생활과 식생활에 폭넓게 도움을 주고 있다. 이들 발효기술을 활용한 관련 산업 규모는 2022년 58,824백만 불이었으나 2031년에는 123,738백만 불로 연간 7.72%씩 성장할 것으로 추산하고 있다(Business Research Insight, 2024).

대부분의 발효식품은 농축수산물을 기반으로 하여 생산할 수 있으며, 이들의 대표적인 생산 가능 제품을 구분해보면 〈그림 1-4〉와 같다(신동화, 2019).

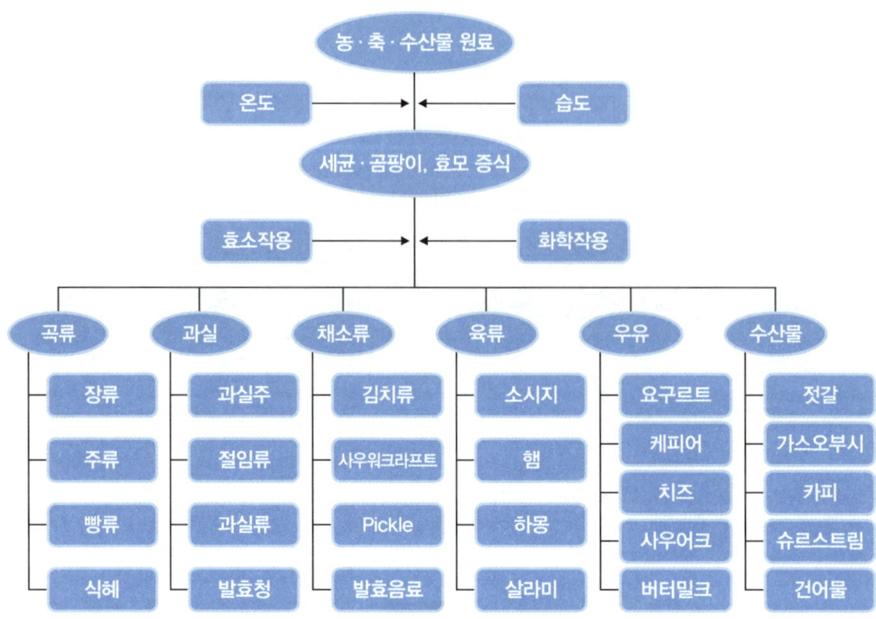

그림 1-4. 농축수산산물을 이용한 발효식품들

〈그림 1-4〉에서 보면 원료에 따라 다양한 발효식품이 생산되고 있으며 제품별로 발효 방법이 차이가 있고 관여하는 미생물도 각각 다르다. 또한 사용 원료에 따라 증식할 수 있는 특정 미생물이 관여하고 온도, 습도, 영양원에 의해서도 미생물의 종류가 각각 다르다. 이를 미생물의 선택적 특이성이라 할 수 있다. 즉 세균, 곰팡이, 효모가 원료의 성분, 온도 등 주어진 여건에 따라 각기 다르게 작용하며 발효 중 생화학반응에 의하여 새로운 물질이 합성되기도 한다.

미생물에 의해서 일어나는 발효는 크게 나눠 호기발효(Aerobic fermentation), 혐기발효(Anaerobic fermentation) 및 통성발효(Facultative fermentation)로 나누며 산소의 이용 여부가 기준이 된다. 또한 미생물에 따라 액상에서 증식하거나 고체원료에서만 증식 가능한 특이성을 갖고 있다.

2) 식품기능의 개선

발효를 통하여 식품원료가 갖고 있는 조직을 변화시키고 식미를 개선하여 원료와는 다른 특성의 식품을 생산하며 이런 특성을 이용하여 다양한 가공, 발효식품이 출현하고 있다. 우유에 젖산균을 증식시키면 커드가 생성되며 특성과 풍미가 좋아지고 템페(인도네시아)는 곰팡이 증식으로 새로운 조직이 만들어 지기도 한다. 또한 청국장에는 점성을 증가시켜 식미를 크게 다르게 변화시키면서 기능성을 갖게 한다.

발효식품의 기능성으로는 장 건강 및 소화 기능 개선, 면역력 강화, 항산화·항염 및 항암 효과 등이 보고되고 있다(Kang et al., 2016). 또한 혈중 콜레스테롤 개선(Yamato et al., 2013), 체중 관리 및 대사증후군 예방 효과(Kim et al., 2017) 등도 과학적으로 입증되고 있다.

발효식품의 역사와 분류

발효식품은 대부분 세계 여러나라의 오랜 역사와 함께하며, 일상 식생활 속 전통식품으로 자리 잡아 자국을 대표하는 식문화의 상징이자 대외적으로 국가를 알리는 첨병 역할을 하고 있다. 각국의 발효식품은 오랜 역사를 품고 있으며, 이들의 출현은 기원전으로 거슬러 올라간다. 기록 수단이 없던 시기에도 암각화 등을 통해 그 흔적이 남아 있다. 또한 당시 인류가 사용한 식기나 용기 등의 유물을 통해 발효식품의 존재를 추정하기도 한다. 역사적으로 발효식품의 기원을 정확히 밝혀내기는 어렵지만, 남아 있는 흔적을 바탕으로 그 근원을 유추하고 있다.

1) 발효식품의 출현 역사

인류가 발효식품을 먹기 훨씬 전부터 미생물은 각종 농축수산물 등 생체재료를 분해 또는 합성 작용으로 발효 혹은 부패 등 변화를 일으켰고, 동물이나 인간은 이때 만들어진 산물 중 먹을 수 있는, 발효된 것들을 맛있는 먹이로 삼았다. 이 과정에서 생성된 많은 부산물이 맛과 향을 갖게 되었고, 동물이나 인간은 이 발효산물을 즐겨 먹게 되었다.

따라서 발효식품의 역사는 지구 생성 후 미생물의 출현과 시기를 같이 하였다고 할 수 있으나, 인간이 스스로 발효식품을 만들어 먹는 시점은 그렇게 오래되지 않았다. 발효식품 출현은 여러 나라에서 생산되는 원료와 기후, 풍토, 식습관과 관계되며, 종교와도 연관이 된다. 발효식품이 미생물에 의해서 생산된다는 것을 알기 이전에도 인간은 경험을 통하여 먹을 수 있는 발효식품을 만드는 방법과 조건들을 터득하였고, 이 기술을 후대로 전승하여 그들 나름의 발효식품 문화를 형성하게 되었다. 이후 발효가 미생물에 의해서 일어난다는 사실을 과학적으로 밝혀낸 이후에는 우수한 발효식품을 생산하기 위해서 미생물과 발효 조건을 관리하여 목적하는 발효식품을 생산하는 방법을 터득하게 되었다.

지금까지 알려진 고대 발효식품의 역사를 보면 기원전 1만 년 전부터 중세까지 아리안 족 이전에 과잉 생산된 식재료를 보존하기 위한 수단으로 발효 기법이 사용되었고, 기원전 7,000년에 치즈와 빵이, 대부분 벽화를 통하여 확인되고 있다.

전체 발효식품의 시대에 따른 출현 제품은 〈표 1-1〉과 같다(Farnworth, 2008).

표 1-1. 발효 제품별 출현 연대

발효 식품	출연 연대(추정)	지역
발효유	BC 10,000	중동
발효 유제품	BC 7,000~5,000	이집트, 그리스, 이탈리아
버섯류	BC 4,000	중국
장류	BC 3,000	중국, 한국, 일본
포도주	BC 3,000	북아프리카, 유럽, 중동
발효 쌀제품	BC 2,000	중국, 아시아
발효 꿀	BC 2,000	북아프리카, 중동
치즈	BC 2,000	중동, 중국
발효맥아, 맥주	BC 2,000	북아프리카, 중국, 중동
빵	BC 1,500	이집트, 유럽
발효 육류	BC 1,500	중동
사워도우	BC 1,000	유럽
어류 소스	BC 1,000	동남아, 북아프리카
염지 채소류	BC 1,000	중국, 유럽
가룸(발효 어류 내장)	BC 400	그리스, 이탈리아(로마)
염차	BC 200	중국

〈표 1-1〉에서 보면 기원전 10,000년 경 중동에서는 발효유가 식용되었고 이후 이집트, 그리스로 전파되었다고 보인다. 중국에서는 기원전 4,000년 경 버섯류를 발효하여 먹었다. 이후 다양한 원료를 이용하여 수많은 발효식품이 출현하여 인간의 식생활을 풍요롭게 하였다.

한반도에서는 염절임을 시작으로 발효식품이 식용된 것은 토기이용과 밀접한 관계가 있어 보인다. 토기를 이용하여 곡류를 갈무리하는 동안 소금 절임한 채소류에 일정 기간이 지나자 발효가 일어난 것으로 추정된다(이철호[a], 2017).

2) 발효식품의 분류

발효식품 제조방법은 사용하는 원료의 종류와 발효 형태에 따라 고체발효(solid), 준 고체발효(semi-solid), 액체발효(liquid)로 구분할 수 있다. 대부분의 전통 발효식품은 고체발효로, 역사적으로 자연발효에 의존하였으나 이후 발효에 최적인 우수 균을 분리하여 이용하는 순수 발효방법을 도입, 일정한 품질과 양질의 제품을 얻고 있다. 이때 사용하는 미생물로 동남아시아나 인도 등은 곰팡이류, 효모, 세균이 주로 사용되나, 유럽이나 미국은 세균이나 효모의 사용 빈도가 높다.

발효식품은 사용하는 원료에 따라 크게 분류할 수 있으며, 이들 제품의 특징과 생산되고 있는 제품을 살펴보고자 한다. 아울러 원료의 구분 없이 서로 혼합하여 새로운 제품을 만들기도 하며, 이용하는 미생물에 의해서도 맛과 향이 달라지거나 기능성을 보강할 수도 있을 것이다. 특히 장내 미생물의 인체 내 기능성이 입증되면서 발효식품에 관여하는 미생물들의 장내 생존 여부, 이들의 역할이 새롭게 조명되고 있다.

사용 원료별로 크게 구분하여 발효 특성과 기능을 제시하고자 한다.

(1) 채소를 이용한 발효식품

세계의 많은 사람은 생채 혹은 여러 방법으로 처리한 수많은 종류의 채소류를 먹고 있다. 나라와 지역마다 식용으로 하는 채소류가 있고, 기후 환경에 따라 주로 생산하는 품목이 다르다. 현대에 이르러 교역이 활발해 짐에 따라 자국에서 생산되지 않는 산물이라 하더라도 수입하여 선호하는 채소류를 접할 수 있게 되었다.

채소류는 크게 엽채류, 근채류, 과채류로 나뉘며, 각각의 용도가 다르다. 우리가 주로 식용하는 채소류는 〈표 1-2〉와 같이 분류할 수 있다(신동화, 2018).

표 1-2. 식용 가능한 채소류의 분류

구분	가식 부분	채소 종류	비고
근채류	뿌리	고구마, 당근, 무, 우엉, 연근	고구마, 감자, 곤약은 채소류이지만 서류로 분류
	변형줄기	토란, 감자	
	비늘줄기	양파, 마늘, 파	
	구상줄기	곤약	
엽채류	잎	양배추, 시금치, 상치, 파슬리	
	잎자루	샐러리	
	꽃눈	콜리플라워, 브로콜리	
	싹, 어린줄기	아스파라거스, 죽순	
과채류	두류(증자)	완두, 녹두, 대두, 옥수수	두류와 곡류는 채소류이지만 따로 분류
	곡류	단 옥수수	
	덩굴성 과일	호박, 오이	
	장과	토마토, 오이	
	나무과실	아보카도	

〈표 1-2〉에 구분된, 거의 모든 채소류는 발효식품의 원료가 될 수 있으며, 먹기 좋게 만들기 위해서는 원료의 특성에 맞는 전 처리가 필요하다. 예를 들어 씻기, 다듬기, 소금 절임, 데치기, 껍질 벗기기, 발효를 방해하는 부위 제거 등이 있다.

엽채류는 신선 상태로 오래 보관하기 어렵지만, 적절한 발효를 통해 저장 기간을 늘리고 새로운 풍미를 만들 수 있다. 배추를 예로 들면, 생으로는 상온에서 일주일 이상 보관하기 어렵지만, 김치로 발효하면 몇 개월에서 수년간 차별화된 맛과 향을 유지할 수 있다. 발효 과정에서 젖산균이 산을 생성해 유해균과 부패균의 성장을 막는 효과도 얻을 수 있다.

세계 여러 나라에서는 녹색 채소를 이용한 발효식품을 다양하게 만들어 식용하고 있다. 채소 발효에 주로 관여하는 미생물로는 락토바실러스(Lactobacillus), 페디오코커스(Pediococcus), 류코노스톡(Leuconostoc), 바이셀라(Weisella) 등이 있다. 같이 사용하는 염, 주로 소금은 조직 내 수분을 용출시켜 부드럽게 하고 부패균 증식을 막으며, 유기산 생성 균의 우점환경으로 만들어 풍미와 산도를 높이는 역할을 한다.

대표적인 채소 발효식품으로는 한국의 김치, 유럽의 사워크라우트(Sauerkraut)가 있으며, 젖산균은 소금에 대한 내염성이 강하고 상온에서도 증식 가능해 자연발효가 일어나기 쉽다. 김치와 같이 젖산 발효 과정에서 탄산가스가 생성되면 제품에 상쾌한 맛을 더한다.

채소류에는 다양한 식물성 기능성 물질(Phytochemical)이 들어 있으며, 발효를 통해 원래 없던 새로운 성분이 생성되어 맛과 기능성을 갖게 된다. 발효는 단순히 저장성을 높이는 기능 뿐만 아니라, 맛과 건강을 동시에 향상시키는 중요한 가공 기술의 한 분야이다.

(2) 곡류를 이용한 발효식품

지구에 사는 수십억 인구의 가장 주요한 식량원인 쌀, 밀, 옥수수, 보리, 귀리, 수수, 호밀 등은 세계 여러 나라에서 재배되고 있으며, 생산량도 어느 식재료에 비하여 많다. 이 곡류들은 다양한 발효식품을 만드는 주요한 재료가 될 수 있다. 동양에서는 주로 쌀을 이용한 여러 종류의 알코올성 음료가 발효미생물을 이용하여 생산되고 있으며, 밀이 생산되는 서양에서는 기원전부터 밀가루 반죽에 자연 효모가 작용하여 부풀리게 하는 빵 제조기술이 정착하였다. 아프리카에서는 곡물을 발효하여 주식뿐만 아니라 이유식, 어린아이의 영양식으로 활용되고 있다.

곡류를 이용한 발효식품은 알코올 함유 음료와 비 알코올성 제품으로 나눌 수 있다. 대표적인 곡류를 이용한 발효식품은 대부분 제분하여 반죽을 만들고, 이 반죽에 함유된 당을 먹이로 하여 효모나 산을 생성하는 균들이 증식하여 부풀어 오르고, 경우에 따라서는 신맛을 주는 독특한 빵류가 만들어진다.

대표적인 곡류발효식품으로는 밀가루를 이용한 빵 외에 사워도우(sour dough), 쌀로 만든 인도의 이들리(idli), 자레비(jalebi), 남아메리카의 마사(masa) 등이 알려져 있으며 우리나라의 증편도 쌀을 이용한 빵 형태의 식품으로 효모와 산 생성균이 합작하여 만들어낸 독특한 발효식품이다. 또한 식혜는 쌀 등 곡류의 전분질을 맥아가 생산하는 효소로 분해하여 주로 고분자인 전분질을 단순당인 맥아당과 일부 포도당으로 분해시켜 단맛을 주는 한국의 독특한 전통 발효음료라 할 수 있다.

(3) 두류를 이용한 발효식품

두류의 원산지이거나 생산량이 많은 지역, 즉 한국이나 동남아에서는 두류를 원료로 한 다양한 발효식품이 생산되어 식생활에 이용되고 있다. 그러나 현재 세계에서 가장 많이 콩을 생산하고 있는 미국이나 브라질 등은 콩 발효식품이 크게 활성화되지는 못하였다.

두류는 단백질 함량이 높고(일부 예외도 있지만) 유지 함유 비율도 높아, 인류 역사상 오래전부터 양질의 단백질을 공급하는 곡류로 주목받았으며 인류 식생활과 건강 유지에 큰 영향을 끼쳤다. 두류 중 발효식품 제조에 이용되는 것은 대두(soybean)로 전체 비중의 90% 이상을 차지하고 있으며, 나머지는 비 대두 제품이다. 대두 발효식품은 한국, 중국, 네팔, 일본, 인도 등에서 많이 생산되어 소비되고 있으며, 몽고인종이 주를 이루는 국가 대부분에서 대두를 기질로 한 발효식품이 역사 깊은 식품으로 위치를 점하고 있다.

대두는 발효과정을 거치면서 함유성분이 분해되며 독특한 향미를 만들어 식감을 좋게 하고 소화율을 높여(65% → 90%) 단백질 공급원으로 중요한 역할을 할 수 있다. 대두를 제외한 두류는 주로 아프리카 지역에서 발효기법으로 다양한 제품을 생산, 식용하고 있다.

두류발효는 곰팡이나 고초균(*Bacillus subtilis*)이 주로 관여하여 pH가 높은 알칼리성 발효가 일어나는 특징이 있으며, 초기 자연발효에 의존하였으나 과학이 발효에 접목되면서 우수 균을 선발하여 이용하고 최적의 발효조건을 관리하여 우수제품을 생산하고 있다. 대표적인 대두발효식품은 한국의 장류, 일본의 낫토(natto), 인도·네팔·부탄의 키네마(kinema), 타이의 투아 나오(thua nao) 등이 있다. 곰팡이를 이용한 경우로는 한국의 메주, 인도네시아의 템페(tempe), 중국의 도우치(douchi), 일본의 쇼유(shoyu), 중국의 슈후(sufu) 등이 있으며, 곰팡이와 함께 다른 세균도 함께 관여한다.

비 대두 발효식품으로는 아프리카에서 생산되는 다와다와(dawadawa), 이루(iru), 우그바(uugba)가 있고 인도 및 인도네시아에는 파파드(papad), 도호크라(dhoklac), 와리(wari), 온 잠(on tjom) 등이 있다.

두류를 발효원료로 사용한 제품은 대부분 알칼리성을 띠며, 관여 균은 세균인 고초균(*Bacillus subtilis*)뿐만 아니라, 곰팡이, 효모, 젖산균 등이 단독, 혹은 같이 관여하고 있다.

두류를 활용한 제품들은 〈그림 1–5〉와 같이 분류할 수 있다. 한국, 일본, 중국 등에서 간장, 된장, 고추장, 청국장 등 두류 발효식품이 생산되고, 인도네시아에는 템페가 생산된다.

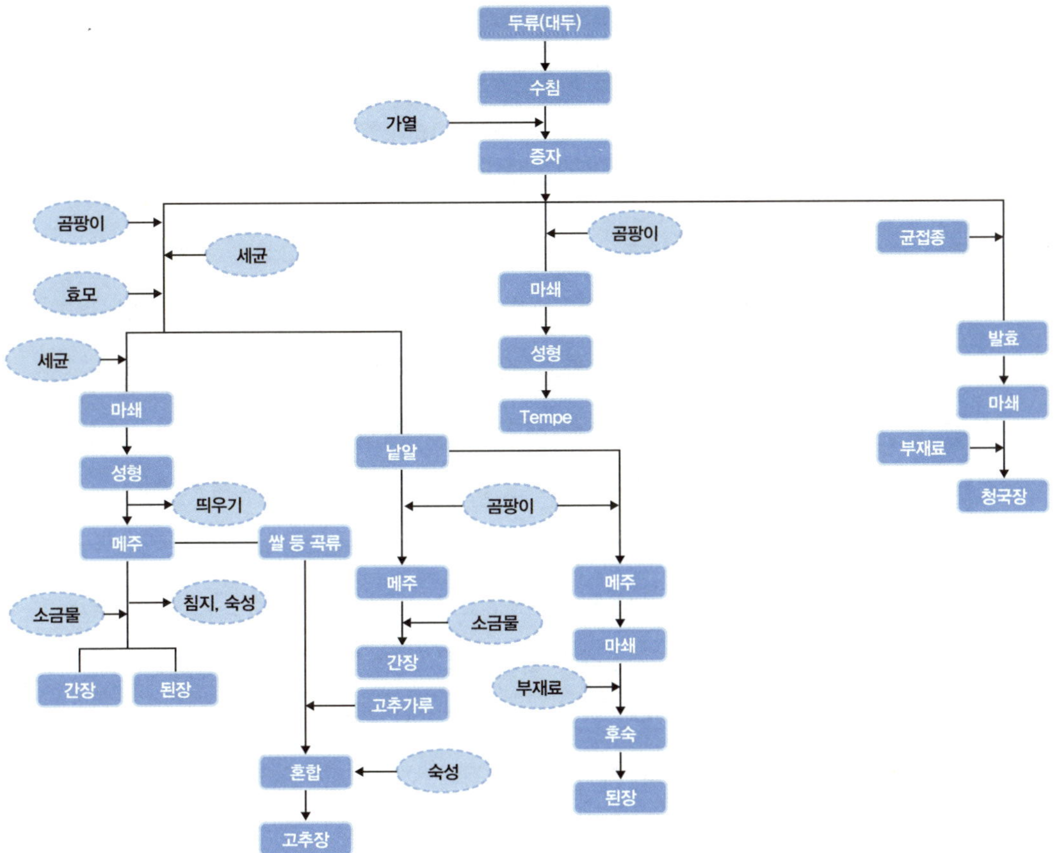

그림 1-5. 두류를 원료로 사용한 제품들

〈그림 1-5〉와 같이 여러 특성에 맞는 미생물에 의해서 다양한 두류가공 발효식품이 출현하여 각 나라의 특산품으로 식용되고 있다.

(4) 우유를 이용한 발효식품

리비아 사막에서 발견된 흔적에 따르면 기원전 9,000년에 소를 숭배하고 착유하는 광경을 볼 수 있다. 인도, 메소포타미아, 이집트 등에서는 오래된 기록에 유제품이 나온다. 그림이나 기록에 메소포타미아 수메르인들이 기원전 6,000년에 유제품을 생산하고 먹었다고 한다. 조각된 영상들은 바빌로니아 등에서도 기원전 2,900~2,460년경에 유제품을 먹은 흔적이 나온다. 당시 이 지역의 자연환경에 미루어 볼 때, 자연발효에 의한 치즈나 산성화된 우유도 같이 존재했을 것으로 여겨진다(Farworth, 2008).

야생동물이 가축화된 시기와 맞물려 소로부터 우유를 착유하여 이용하거나 바깥 대기에 방치하여 얻어진 응고물인 치즈 혹은 발효산물인 젖산균이 관여한 요구르트 등이 만들어졌고, 이들이 식생활에 유입된 것은 아주 자연스러운 현상으로 추정된다. 중동을 시작으로 우유발효식품은 세계로 뻗어 나갔으며, 이제는 세계인이 선호하는 영양음료로 발전하였다. 또한 다양한 발효기술이 도입되면서 관련되는 미생물과 발효생성물로 인하여 기능성식품으로 자리매김하고 있다.

유제품 발효에는 주로 젖산균이 관여하고 있으며, 일부 효모가 이용되기도 한다. 우유를 얻는 동물은 젖소가 주류를 이루고 있으나 그 외 특정 지역에서는 사양조건에 따라 양, 낙타, 말, 당나귀 등이 착유의 대상이 된다. 우리나라는 조선 후기에 젖소가 도입되어 우유로 만든 타락죽이 보양식으로 알려져 있으나, 동물의 젖을 식품으로 이용한 것은 오래되지 않았다. 우유를 발효하면 관여하는 젖산균이 생산하는 젖산에 의한 산미와 디아세틸(diacetyl)계 화합물에 의해서 저장 기간이 길어지고, 생우유와는 다른 맛으로 기호성이 좋아지는 특징을 갖는다.

우유가 발효되면 우유에 들어있는 젖당(lactose)이 젖산균에 의해서 분해되어 산이 생성되고 젖당 알레르기가 있는 사람들에게 안전한 식품을 공급할 수 있으며, 우유에 들어있는 단백질도 일부 분해되어 소화율을 높일 수 있다(Tamang, 2010).

우유 발효식품은 산/알코올 형(케피어, 고미스), 산 함량이 높은 제품(불가리안 신 우유), 중간 정도 산 생성제품(여러 형태의 요거트, 애시도필러스 우유), 저산성 우유제품(버터밀크, 배양크림)으로 나눈다(Kosikowski, 1997). 치즈나 관련 제품들은 우유의 발효 과정에서 생성되는 산에 의해서 우유의 단백질이 응고되고, 이 응고된 유단백질을 분리하여 다시 발효한 것이다.

우유를 이용한 발효 제품을 처리 방법에 따라 분류하면 〈그림 1-6〉과 같다.

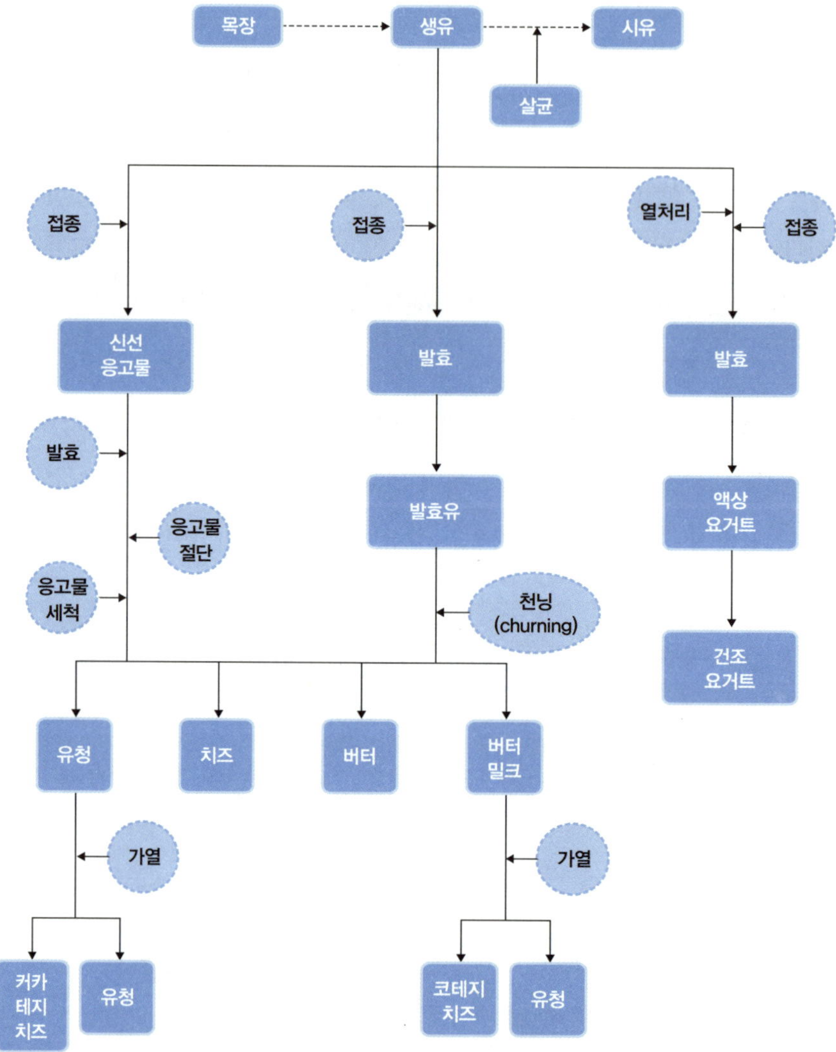

그림 1-6. 간단한 유가공 제품 생산 과정

〈그림 1-6〉과 같이 우유를 이용한 발효식품 중 액상은 요거트 형태이고, 고체나 반고체상 은 치즈, 버터 등이 있으며, 모두 젖산균에 의한 발효에 기

초를 두고 있다. 즉, 젖산발효에 의해서 젖산이 생성되고, 이 젖산에 의해서 pH가 낮아짐에 따라 우유 단백질인 카제인(casein)이 응고하여 반고형의 치즈가 만들어지며, 요거트는 살아있는 젖산균이 액상제품에 생존한다.

(5) 수산물을 이용한 발효식품

수산물을 이용한 발효식품은 젓갈이 대표적인 산물이며, 세계 여러 나라에서 여러 종류의 제품을 선보이고 있다. 다른 수산발효식품으로는 증숙한 조 등 곡류를 넣어 함께 발효한 한국의 식해가 있다.

젓갈은 일반적으로 어패류의 원료에 소금을 적당량 넣고 발효시키는 과정을 거쳐 감칠맛이 있는, 식용 가능한 발효식품을 얻는다. 수산물 자체(주로 창자 등)에 존재하는 효소작용과 어패류에 함께 있는 호염성 미생물의 관여로 어패류의 주 구성성분인 단백질이 분해되고, 분해산물이 다시 결합하는 발효과정을 거쳐 풍미성분이 만들어진다.

제조공정은 수산물, 주로 작은 어류, 패류, 새우 등을 염절임하는 등 비교적 단순하다. 발효 후 얻어지는 제품은 독특한 감칠맛이 있고 차별화된 냄새로 특징을 갖는다. 우리나라에서는 반찬으로 사용하기도 하나, 그 외에 김치를 담글 때 조미원인 부재료로 많이 사용한다. 젓갈은 그 기원이 확실히 밝혀지지는 않았으나, 해안가를 중심으로 기원전부터 생산했을 것으로 추정된다. 중국의 자료에 의하면 기원전 3~5세기경에 발간된 것으로 추정되는 이아(爾雅)라는 중국 고사전에 지(鮨)가 표기되어 있는데, 이는 생선으로 만든 젓갈로 해석된다(김영명, 1990). 기원전 3세기경 쓰인 주례(周禮)에도 해(醢), 자(醡), 지(鮨)가 나오며, 기원후 530~550년에 저술된 제민요술에 젓갈의 제법이 작어자(作漁鮓)라 기술되어 있다(가사협, 1993).

이처럼 동양에서는 기원전에 이미 젓갈을 식재료로 사용하였으며, 현재는 더욱 다양한 젓갈류가 기업적으로 생산되어 판매되고 있다. 우리나라에서 젓갈에 대한 기록은 삼국사기 중에 신라의 궁중의례음식으로 해(醢, 오늘날의 젓갈)를 언급한 것이 처음으로, 당시 젓갈이 일반인의 식단에 오른 것으로 추정된다. 고려시대에는 젓갈류의 식용에 관한 기록이 정사, 의서류, 문집 등에 나타나고 있으며, 젓갈의 종류도 담수어, 해수어뿐만 아니라, 홍합, 전복 등 패류와 새우류, 게류 등 갑각류까지 원료 사용 범위가 넓어지고 있다. 이후 젓갈의 제조방법도 다양해져 어류에 소금만을 넣는 경우를 넘어 젖산발효를 유도하는 식해류가 등장한다. 이후 젓갈 발효 후 액체만을 분리하여 액젓을 식용에 이용하기 시작하였다(김영명, 김동수, 1990).

우리나라 젓갈류에 대한 기록은 신라 초기 신문왕 3년(683)으로 거슬러 올라가지만, 이때 이미 일반 식품화되어 일상식품으로 먹었던 것으로 봐서 그 식용 역사는 기원전으로 거슬러 올라갈 것으로 추정된다. 이는 젓갈문화가 직접적으로 연결되는 중국, 일본 등과도 깊은 관계가 있으며, 이들 국가의 기록으로 우리나라의 발자취를 추정할 수 있다. 특히 젓갈의 이름에서도 해(醢)와 조(鮓)가 혼용해서 사용되었고 교역 기록에도 이들이 나타나고 있으니, 아마도 같은 뜻으로 사용했을 것으로 추정된다. 특히 일본의 젓갈은 한반도를 통하여 전래되었을 것으로 추정한다(장지현, 1989). 초기 해류(젓갈류)는 어류뿐만 아니라, 육류도 사용했다는 기록이 있어 넓은 의미로 사용된 것 같다(가사협, 1993).

우리나라에서 생산되고 있는 젓갈과 식해류의 종류와 제품을 구분하면

〈그림 1-7〉과 같다(김영명, 김동수a, b, 1990).

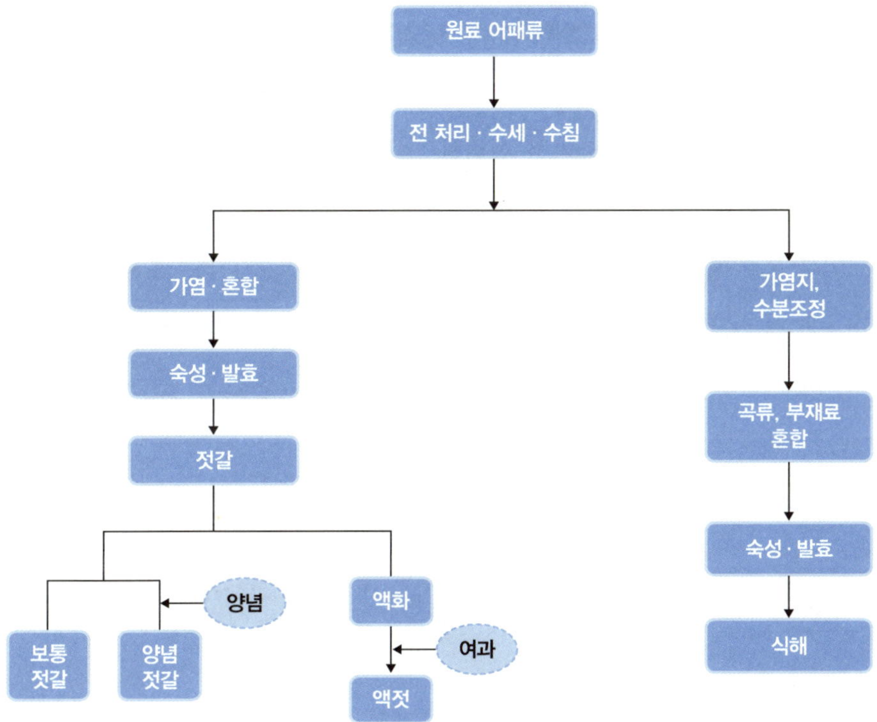

그림 1-7. 우리나라에서 생산되는 젓갈과 식해 들

〈그림 1-7〉과 같이 어류를 이용한 젓갈류가 생산되고 있으며, 지역에 따른 특색을 보인다. 여기에 제시한 제품들은 양념한 젓갈류, 액젓(어장류)이 포함된다.

(6) 육류를 이용한 발효식품

육류는 그 자체로 가열, 조리하여 식용하는 경우가 많으나, 저장성을 높이고 맛과 향을 부가하기 위해서, 주로 돼지고기를 원료로 한 발효제품들이 생산된다. 초기 수렵시대에는 남는 육류를 자연에 놓아두어 건조와 발효가 동시에 일어나 장기저장하면서 섭취하였을 것이다. 이후 육가공기술이 발전하면서 소시지, 햄 등을 제조, 새로운 발효기법이 도입되었다.

외부 기온이 낮은 북유럽이나 건조한 지역에서는 지금도 도축한 돼지뒷다리를 지하실에 걸어 놓고 자연건조 및 발효를 유도하여 오랫동안 식용이 가능하게 하였고 독특한 풍미를 부여하여 지역 특산품화하였다. 육류발효식품은 돼지고기를 이용한 햄, 소시지가 큰 부분을 차지하고 있다. 고기를 춉핑(분쇄)하고 혼합하여 반죽을 만들고 케이싱 등 성형한 후 발효, 훈증하기도 한다.

일반적인 발효 육제품을 구분해 보면 〈그림 1-8〉과 같다.

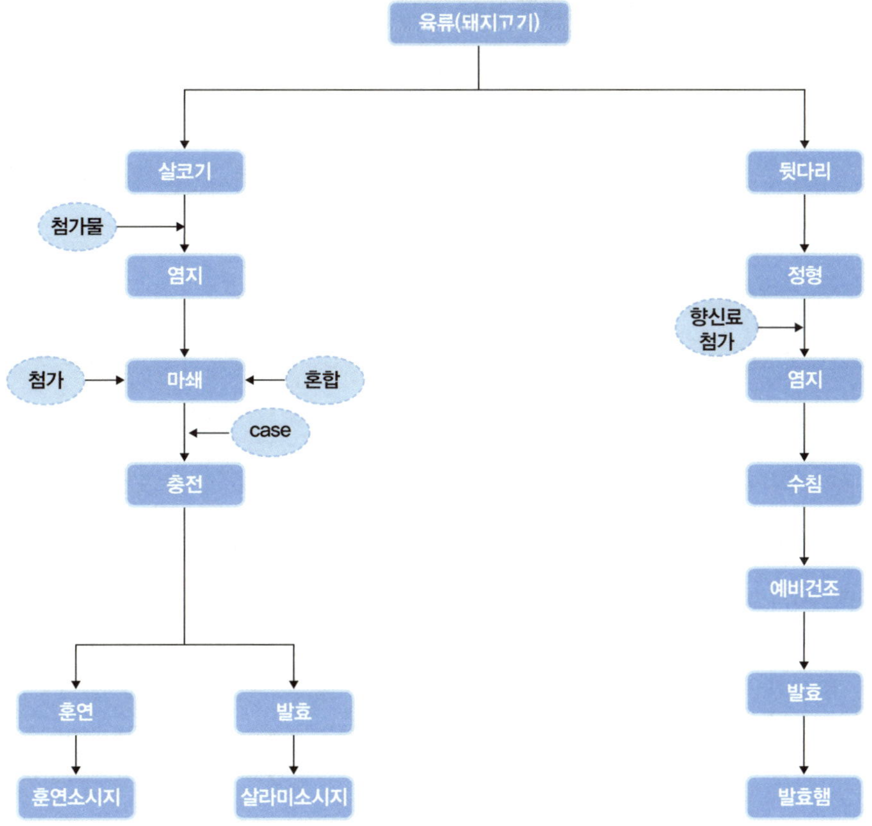

그림 1-8. 발효육 제품의 제조 과정

〈그림 1-8〉과 같이 육류발효식품은 돼지고기를 이용하는 경우가 대부분이나, 일부 지역에서는 쇠고기를 사용하는 Northern type 소시지가 있다(Hui, 2004).

그 외 주로 돼지 뒷다리를 그대로 이용하는 하몽(Jamón, 스페인), 프로슈토(이탈리아) 등이 지역 특산물로 알려졌다.

(7) 뿌리, 줄기를 이용한 발효식품

식물의 뿌리나 줄기를 발효하여 식용하는 경우는 주로 아프리카 지역에서 많이 발견된다. 가장 주요한 식용자원의 하나는 카사바(*Cassava-monibot esculenta*) 뿌리를 전통적인 방법으로 발효하여 여러 식품을 만들어 먹는 것이다. 가리(Geri–나이지리아), 후후(Fufu, 토고), 아그베리마(Agbelima, 가나), 키분데(Kivunde, 탄자니아) 등이 있다. 예를 들면 Gari의 경우, 발효, 덱스트린화, 부분 겔화 등 가공방법을 이용한다. 각 발효과정 중에는 우점균(발효를 선도하는 균)이 알려져 있고, 젖산균, 예를 들면 Streptococcus, *Lactoplantibacillus plantarum* 등은 카사바에 들어있는 독성물질인 시안화합물(cyanogenic glucoside)을 무독화한다고 알려져 있다. 2단계 발효에서는 *Geotrichum candida*가 관여하여 풍미를 낸다. 또한 발효를 통하여 펙틴분해효소가 생성되며, 이 효소가 조직을 연화시켜 식용을 쉽게 만든다(Tamang, 2010).

뿌리를 원료로 하여 생산되는 세계 여러 나라의 발효식품들은 〈표 1–3〉과 같다. 주로 카사바를 사용하며, 카사바가 생산되는 아프리카와 일부 동남아 지역에 한정되어 생산된다.

표 1-3. 뿌리, 줄기 이용 발효식품들(Tamang, 2010)

식품	원료	형태	관련 미생물	생산국
애그벨리마 (Agbelima)	카사바 뿌리	페이스트	젖산균	가나 콩고
칙관구 (Chickwangue)	카사바 뿌리	페이스트	젖산균	콩고
후 후 (Fu Fu)	카사바 뿌리	페이스트	젖산균	나이지리아, 가나
가리 (Gari)	카사바 뿌리	페이스트	젖산균	아프리카
페우제움 (Peujeum)	카사바 뿌리	고체	효모, 곰팡이	인도네시아

(8) 기타 발효식품

사용원료에 따른 분류에 들지 않는 발효식품도 여러 가지가 있다. 식초도 발효식품이나 사용하는 원료는 과실류, 곡류 등이 주를 이룬다. 그 외에 오리알을 이용하는 피단, 차류, 커피, 카카오 등도 발효과정을 거쳐 독특한 향미를 갖는 최종제품이 만들어진다.

세계 여러 나라 발효식품들

발효식품은 오랜 역사를 지닌 나라일수록 거주인들의 생활지식과 지혜가 축적되어 다양한 식품문화로 발현되었으며, 그중에서도 발효식품은 지역적 특성과 결합하여 독자적으로 발달하였다. 이러한 발효식품은 각국의 고유한 전통식품으로 정착하고, 시대의 변화에 따라 지속적으로 개량·진화해 왔다.

발효식품은 각 지역에서 생산되는 원료와 밀접한 관련이 있으며, 대륙별로도 그 특성이 구분된다〈그림 1-9〉.

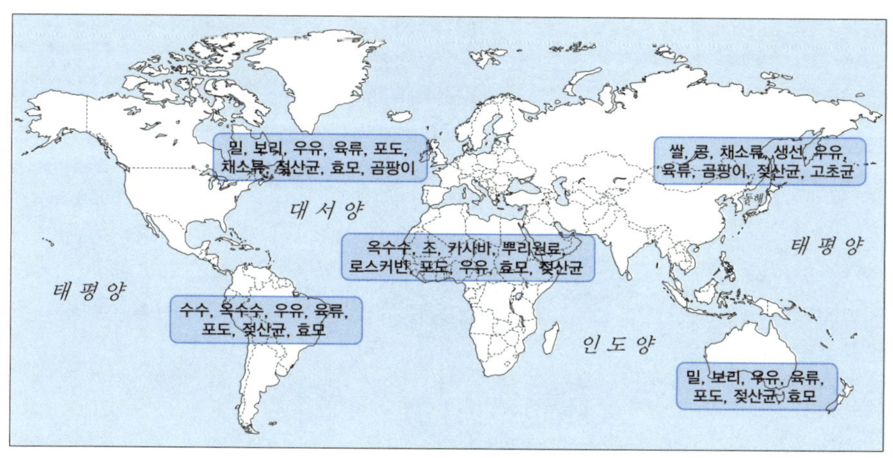

그림 1-9. 세계 대륙별 원료와 관련 발효식품

〈그림 1-9〉에서 보면 세계 여러 나라의 전통 발효식품은 지역별로 생산되는 원료를 기반으로, 토착 발효식품으로 정착시키고 있다. 지금도 지역인의 지혜와 생산되는 원재료에 따라 변화를 거듭하고 있으며 과학기술 발전에 힘입어 가내 수공업 수준에서 대량생산, 판매가 가능한, 세계를 대상으로 한 대기업 형태의 식품회사가 출현하고 있다.

세계 여러 나라에서 생산되고 있는 전통 발효식품을 간단히 원료별로 구분하여 정리해 보면 〈그림 1-10〉과 같다.

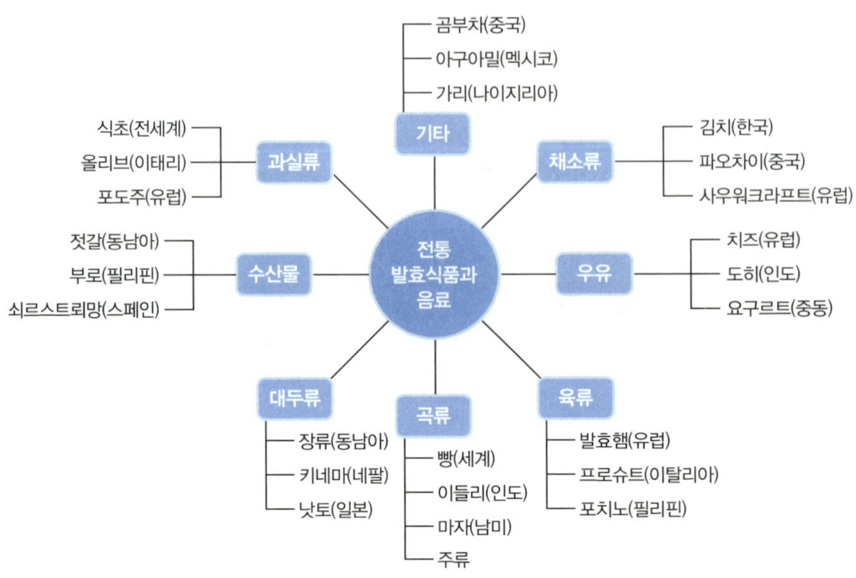

그림 1-10 원료별 여러 전통 발효식품

〈그림 1-10〉에서 제시한 원료별 특화된 전통 발효식품을 각 대륙에 위치한 나라별로 개괄적으로 설명하고자 한다.

1) 아시아의 전통 발효식품(Tamang, J. P., 2016)

아시아는 〈그림 1-9〉에 표시된 바와 같이 쌀, 콩 등 곡류와 채소류가 주원료로 사용되며, 일부 육류와 생선 등 수산물이 발효식품의 원료가 된다. 이들 원료에 적응된 미생물이 발효에 관여하여 여러 가지 특징적인 발효식품을 만들어내고 있다.

아시아의 발효식품은 다양성으로, 국제적으로도 주목을 받고 있으며, 국제교류도 활발하게 이루어지고 있다. 이들 식품을 통해 식문화의 차별성을 알리고 발효식품의 국제화에 기여하고 있다. 이들 발효식품에는 다양한 미생물들이 관여하는데, 곰팡이(예: 누룩곰팡이), 세균(예: 고초균, 젖산균), 효모 등이 발효 과정에 관여한다. 주요 식재료인 곡물, 콩, 채소, 생선, 차 등 다양한 재료가 발효과정을 거치면서 독특한 풍미 성분을 생성하며, 숙성기간에 따라 감칠맛(우마미) 성분과 향미성분이 다르게 형성된다. 또한 발효과정 중 발효 우점균에 의하여 부패 미생물의 증식이 억제되어 저장기간을 연장시키는 효과도 있다. 이들 발효식품은 살아있는 미생물에 의해 유통 중에도 발효가 계속되는 경우가 많다.

발효에 관여하는 미생물은 섭취 시 장 건강개선에 도움을 주며, 펩타이드, 비타민 B군, 항산화물질 등의 생성 등 새로운 기능을 발휘하는 성분이 새롭게 생산되기도 한다.

(1) 중국의 주요 전통 발효식품(정동효[a], 2012)

중국의 전통 발효식품은 수천 년의 역사 속에서 자연과의 조화를 바탕으로 발달해 온 식문화의 정수로, 단순한 식품을 넘어 건강과 생명, 지역문화를 담아낸 총체적 문화유산이다. 여러 고문헌에서도 관련 기술과 효능이 상세히 기록되어 있다. 다양한 곡류, 콩류, 채소, 육류, 해산물, 유제품 등을 활용하며, Aspergillus, Rhizopus, Lactobacillus, Saccharomyces 등 여러 미생물이 관여하는 혼합 복발효 방식이 특징이다. 중국은 넓은 지역에서 나는 서로 다른 산물과 기후조건에 따라 지역마다 고유한 발효식품이 발달했으며, 발효식품은 단순한 풍미 향상뿐 아니라 소화 촉진, 면역증강, 건강 유지 등의 기능성을 지니며, 예부터 약효를 가진 식품으로 여겨졌다. 대표 발효식품으로는 두시, 된장, 간장 등의 장류, 황주와 약주 등의 주류, 유산채와 포얼차 같은 젖산발효식품, 어장과 젓갈류, 발효초와 절임채소류 등이 있으며, 이는 일상 식사뿐 아니라 명절과 제례, 지역 축제 등에서도 중요한 역할을 해 왔다. 중국의 전통 발효식품은 역사성, 철학적 기반, 미생물학적 다양성, 지역성, 건강 기능성을 두루 갖춘 식문화로서, 과거와 현재를 잇는 중요한 유산이다.

- 두장(豆醬–Doujang)(정동효, 2012)

중국식 된장이며 콩을 발효시켜 만든다. 감칠맛과 짠맛이 잘 어울려진 제품이다. 지역에 따라 맛과 질감이 다르며 북방지역에서는 진한 맛이 강하고 남방지역은 달콤한 맛이 있다. 대표적인 제품으로는 텐멘장(甛麵醬)이 있고 달콤한 맛이 난다. 두장의 기원은 기원전 1,000년으로 올라가며 일반인에 폭넓게 보급되었고 논어와 사기, 제민요술에도 나타난다. *A. sojae, R. japonicus*이 발효에 관여한다.

- 두후(Doufu) 및 두푸르(豆腐乳, Doufuru)

발효두부로 두유를 발효시켜 만든 두부의 일종이다. 보통 유부, 부유, 두부유라고도 한다. 곰팡이(*Monascus anka*) 또는 젖산균을 이용하여 발효하고 강한 향과 부드러운 식감을 갖고 짠맛과 함께 크리미한 조직을 갖는다. 본초강목(1578), 식헌홍비(청 때)에 기록이 있다. 아침식사용 죽과 함께 먹는다. 관여하는 미생물은 *Actinomucor elegans, Mucor hiemalis, Rhizopus chinensis* 등이다. 이들 미생물이 작용하여 glutamic acid와 aspartic acid 등을 생산, 감칠맛을 낸다.

• 두시(豆豉, Douchi)

콩 모양이 남아있는 조미식품이고 일본 등에서 생산하는 장류의 원조라 할 수 있다. 일본의 Tamari 된장과 관계가 있다. 증자한 두류에 털곰팡이(Mucor), 누룩곰팡이(Aspergillus), 거미줄곰팡이(Rhizopus), 세균(Bacillus) 등을 증식시킨 후 소금을 넣고 고체 발효한 제품이다. 중국 고대에서부터 만들어 먹었으며 제조역사는 황화유역에서 기원전 2세기에 출현한다. 중국의 고문서 중 장양소웅매장(長陽小雄梅醬) 또는 장양시(醬)라고 기록되어 있고, 제민요술에도 장(醬), 시(豉)가 나온다. 두시는 맛이 좋고 영양이 풍부하며 식욕을 돋운다. 마파두부, 회과육 등 사천요리의 조미료로 사용한다.

• 장유(醬油, Liangyou)

대두와 밀을 삶거나 쪄서 발효한 중국식 간장으로, 일반 간장보다 점성이 강하고 감칠맛이 풍부하다. 북방식은 짠맛 위주, 남방식은 단맛이 가미된 형태가 있다. '생추유(生油)'는 신선한 간장, '노추유(老油)'는 농축된 간장을 의미한다. 중국 각 지역마다 장유 맛이 다양하며 여러 종류가 생산되어 소비되고 있다. 장류는 천연 양조기술을 이용한 '본색장유(本色醬油)'와 신기술을 도입한 '담색장유(淡色醬油)'가 있으며, '노유(老油)', '쇄유(晒油)', '투유(套油)' 등으로 불린다.

• 초우더우푸(臭豆腐, Chou Doufu)

취두부의 강한 냄새가 나는 발효두부로 중국 전역에서 인기 있는 길거리 음식이다. 두부를 발효시키는 과정에서 독특한 냄새가 생성되며 주로 튀기거나 찜 요리해서 먹는다. 지역마다 발효법이 달라 강한 냄새가 있거나 상대적으로 순한 냄새가 나기도 한다. 처음 대하는 사람은 쉽게 수용하기 어려운 냄새로 생각한다.

• 우궈지(鳥果鸡, Wuguoji)

광둥(廣東) 지역의 전통 발효 닭고기 음식으로 닭고기를 소금과 누룩으로 절여 발효한다. 발효 후에는 찜이나 볶음으로 만들어 먹는다. 감칠맛이 강하며 보존성이 있다.

• 푼찬(Funjiang)

생선내장 발효장으로 광동, 푸젠 지역에서 유래한 생선내장을 발효시켜 만든 특수 장류로 강한 향과 감칠맛이 있다. 해산물 요리에 감칠맛을 더하기 위해서 소스로 활용한다.

• 수안퇀(Suantan)

발효 돼지고기로 주로 광둥(廣東) 지역에서 만들어 먹는 전통 발효식품으로 돼지고기를 가염한 후 누룩을 넣어 고기를 발효시킨다. 풍부한 감칠맛과 짭짤한 맛이 특징이다.

• 알 발효 제품

피단은 오리알을 알칼리성 재료(석회, 재 등)로 발효, 숙성시킨 제품으로 계란 흰자는 투명한 젤리 형태로, 노른자는 검붉거나 연녹색으로 변한다. 그 외 발효 훈제 제품인 후단(Xundan)이 있다.

• 라오자오(Laozao)

찹쌀을 발효시켜 만든 전통적인 단맛의 발효식품으로 달콤한 맛과 은은한 알코올 향이 있으며, 디저트, 죽, 음료 등에 활용한다.

• 메이짠(Meigan)

소금 절임 할 때 향신료를 첨가하여 발효한 매실 제품으로 단맛과 짠맛이 조화를 이루며 단맛이 강하다. 한방에서 한약 재료로도 사용한다.

• 수이동 러우(Shuidong Rou)

귀주지역에서 생산하는 전통 발효 돼지고기 제품으로 염장과 발효과정을 거쳐 깊은 풍미를 가지고 있다. 찜, 볶음, 국물 요리 시 첨가하여 향과 맛을 준다.

• 발효 채소 제품들

중국의 침채류는 한국이나 일본 제품에 비해 소금 사용량이 많고, 쌀겨를 사용하지 않으며, 향신료를 많이 써서 맛이 더 진하다는 특징이 있다. 오향을 비롯해 생선즙이나 새우즙 등을 사용하기 때문에 풍미가 더욱 농후하다.

- 라오 짜이(老菜, Lao Cai)

중국 남방지역에서 생산되는 채소를 이용한 발효된 제품이다. 지역에서 생산되는 다양한 채소를 사용한다. 겨울철 저장식으로 이용되고 젖산균 발효가 일어나며 감칠맛이 있다.

- 수안차이(酸菜, Suancai)

주로 동북지역과 쓰촨성에서 인기 있는 발효시킨 채소 식품으로 젖산균 발효를 유도하여 신맛이 강조되고 있다.

- 충차이(冲菜, Chong Cai)

주로 중남부 지역에서 생산, 소비되는 장기간 발효한 채소식품으로 발효과정에서 독특한 강한 향이 나며 국물요리나 볶음요리에 풍미를 더하는 용도로 이용된다.

- 두푸루(豆腐乳, Doufu Ru), -참고: "豆腐羹 (Dòufu Gēng)"은 '걸쭉한 두부국'이라는 뜻

실온에서 건조한 두부를 담가 숙성시킨 것으로, 염미와 단맛이 있고 조직이 매끈하며 소프트 치즈 같은 식감을 준다. 오키나와지역 특유의 두부 발효식품으로, 중국 홍두부를 지역 특성에 맞게 개량한 형태이다. 보통 겨울철

에 만들어 먹으며, 홍국과 황국을 사용한다.

● 파오차이(泡菜, PaoCai)

채소를 소금물에 절여 발효시킨 중국의 대표적인 피클류 발효식품으로 김치와 달리 고춧가루를 쓰지 않아 맵지 않고 발효로 신맛이 강한 발효채소식품이다.

(2) 일본의 주요 발효식품(정동효[b], 2012)

일본의 전통 발효식품은 감칠맛(우마미)을 극대화하고 건강에 긍정적인 영향을 주는 특징이 있다. 특히, 코지균(누룩곰팡이), 젖산균, 효모 등을 이용한 다양한 발효방식이 있고, 대표적인 발효식품으로는 된장(미소), 간장, 청주, 낫토, 식초, 쓰케모노(절임류) 등이 있다. 발효과정에서 생성되는 우마미 성분은 일본요리의 핵심 요소이며, 이러한 발효식품이 지닌 영양적 가치와 건강효과는 일본인의 장수와도 관련이 깊은 것으로 여겨진다.

일본의 대표적인 전통 발효식품은 다음과 같다.

● 미소(味噌, Miso)

대두, 소금, 코지(누룩곰팡이: *Aspergillus oryzae*)를 이용하여 발효시킨 장류로, 일본 요리에 널리 사용된다. '일본 된장'으로 알려져 있으며, 신구(辛臼)라 불리는 변형된 된장은 쓴맛을 가지며 색에 따라 담색미소, 적색미소 등으로 구분된다. 주로 쌀 또는 보리를 원료로 하며, 젖산균과 효모도 발효에 관여하여 특유의 맛과 향을 형성한다.

• 납두(納頭, Natto)

삶은 대두에 납두균(*Bacillus natto*)을 접종하여 발효시킨 식품으로, 끈적끈적한 점성과 강한 냄새가 특징이다. 일반적으로 원형의 콩을 그대로 유지하며, 발효 후 갈색을 띠는 것이 일반적이다. 기원은 중국의 당납두(唐納頭) 등에서 유래되었으며, 염신납두, 하마납두, 코지납두 등의 변형이 있다. 한국의 청국장과 유사하며, 동남아시아의 다른 콩 발효식품과도 유사성을 지닌다.

• 구사야(くさや/臭魚, Kusaya)

주로 이즈(伊豆) 지역에서 생산되는 전통 생선발효식품이다. 갈고등어, 전갱이, 고등어, 정어리 등이 주재료로 사용되며, 염지액에 담가 발효시킨 후 건조하는 방식이다. 발효과정에서 강한 냄새가 형성되며, 풍미가 독특하고 보존기간이 길다. 내장을 제거한 후 소금물에 침지하는 동안 발효가 진행되며, 이후 건조하여 완제품을 만든다.

• 쇼쓰루(しょっつる/塩魚汁, Shottsuru)

아키타 지방의 특산물로, 어류를 고농도의 소금과 함께 수년간 숙성시켜 제조한 어간장의 일종이다. 젓갈과 어간장은 어류와 식염을 주재료로 한다는 공통점이 있으며, 어체가 완전히 분해될 때까지 숙성시켜 액화된 부분을 조미료로 사용한다. 제조 과정은 원료어를 염지한 후 침출액과 탈염된 어체를 섞고 발효·숙성시킨 뒤 끓이고 여과하여 완성한다. 관여 미생물은 Micrococcus, Bacillus 등이 있다.

● **나레즈시(熟鮨, Narezushi)**

생선과 찰밥을 사용한 전통적인 숙성초밥의 원형이다. 붕어, 고등어, 도루묵 등을 고농도 식염에 수주~1년간 염장한 후 물에 담가 염분을 제거하고 물기를 뺀 생선 속에 밥을 채워 용기에 차곡차곡 넣고 자연 발효시킨다. 현대의 스시와는 다르게 장기발효를 통해 보존성과 풍미를 높인 제품이다.

● **가쓰오부시(かつおぶし/鰹節, Katsuobushi)**

'부시'란 어육을 자숙·훈연·건조·발효시킨 제품이며, 가다랭이, 고등어, 정어리 등이 사용된다. 특히 가다랭이를 이용한 것이 대표적이다. 자숙 후 뼈를 제거하고 표면 수분을 제거한 후, 곰팡이를 접종하여 발효 후 태양 아래 건조, 곰팡이를 털어낸 후 식용으로 사용한다. 얇게 깎아 국물 내기(다시용) 혹은 나물·두부 등에 얹어 섭취한다. 일부는 훈연처리도 병행한다.

● **미린(味醂, Mirin)**

쌀, 누룩곰팡이(코지), 주정을 사용하여 발효 및 숙성시켜 만든 알코올 함

유 조미료이다. 약 40~60일간 숙성하며, 이 과정에서 단맛과 감칠맛이 강화되고 색이 진해진다. 전통 혼미린(本みりん)은 약 14%의 알코올을 함유하며, 조리과정에서 알코올이 증발하면서 깊은 풍미를 낸다. 생선이나 고기의 잡내 제거, 윤기 부여, 양념 흡수, 조리 촉진 등의 요리 효과가 있다.

- 두부갱(豆腐羹)

실온 건조한 두부를 담가서 숙성시킨 것으로 일반적으로 염미와 단맛이 있고 조직이 매끈하며 soft cheese 같은 식감을 준다. 오키나와 특유의 두부 발효식품이다. 중국 홍두부를 지역 특성에 맞게 개량한 것이다. 두부갱은 보통 찬 겨울에 만들어 먹는다. 홍국이나 황국을 사용한다.

- 스(酢, Su)

일본의 전통 식초로, 주로 쌀, 보리, 감자, 사탕수수 등을 원료로 초산균(Acetobacter)을 이용하여 발효한 제품이다. 식초는 고기나 생선의 잡내 제거, 산미 부여, 보존성 향상 등에 사용되며, 초밥의 밥에 넣는 스시즈(sushizu)로서도 중요하다.

- 사케(酒, Sake 또는 Nihonshu)

쌀을 증자한 뒤, 코지와 효모를 사용해 알코올 발효시킨 전통 일본식 청주이다. 발효는 병행 복발효방식으로, 전분이 당화되고 동시에 효모에 의해 알코올 발효가 일어난다.

주로 *Aspergillus oryzae*, *Saccharomyces cerevisiae* 등이 관여한다. 전통적 제조방식은 '긴조(吟釀)' 또는 '혼조조(本醸造)'로 분류된다.

- 시오카라(塩辛)

어류의 내장 등을 고농도 염으로 염장하여 발효시킨 젓갈류 제품이다. 오징어 내장을 이용한 것이 대표적이며, 염장과 동시에 발효가 일어나 특유의 강한 향과 짠맛이 생성된다. 일본에서는 술안주나 밥반찬으로 소비된다.

- 쓰케모노(漬物, Tsukemono)

무, 오이, 배추 등을 소금, 미소, 쌀겨, 식초, 간장 등에 절여 만든 절임식품으로, 젖산균에 의한 자연발효가 일어난다. 발효기간에 따라 맛이 다르며, 밥반찬이나 다식(茶食)으로 많이 이용된다. 대표적인 종류로는 다쿠앙(단무지), 시바즈케, 베타즈케 등이 있다.

- 아마자케(甘酒, Amazake)

쌀을 코지(누룩)로 당화시켜 만든 단맛이 강한 음료로, 알코올 함량이 거의 없거나 매우 낮은 것이 특징이다. 소화 흡수가 용이하고 영양음료로 소비되며, 겨울철이나 전통 행사에서 즐겨 마신다.

(3) 인도의 주요 전통 발효식품(Tamang, T., et al., 2016)

인도는 세계에서 가장 많은 인구를 가진 나라이며, 지역에 따라 다양한 인종과 문화가 공존하고 있다. 이에 따라 수많은 전통 발효식품이 지역별로 발달하여 각기 고유한 식품으로 정착해왔다. 다양한 기후와 문화적 배경 속에서 발효식품은 건강, 풍미, 보존성을 높이는 식문화의 일환으로 발전하였다. 인도의 전통 발효식품은 지역과 문화적 배경에 따라 그 종류와 제조 방법이 다르며, 각기 독특한 맛과 영양 가치를 지니고 있다.

주요한 인도의 전통 발효식품과 그 특징은 다음과 같다.

- 도사(Dosa)

도사는 쌀과 우라드 달(검은 렌틸콩)을 발효시켜 만든 반죽을 얇게 펴서 구운, 남인도식 발효 팬케이크로, 안에 들어가는 내용물에 따라 다양한 종류로 분류된다. 예를 들어, 양파를 넣은 어니언 도사, 향신료를 넣은 마살라 도사, 치즈를 넣은 파니르 도사 등이 있다. 아무것도 넣지 않은 페이퍼 도사도 있으며, 일반적으로 커리나 코코넛 처트니에 찍어 먹는다.

- 이들리(Idli)

이들리는 쌀과 우라드 달을 발효시킨 반죽을 작은 틀에 넣고 증기로 쪄서 만든 음식으로, 부드럽고 스펀지 같은 식감이 특징이다. 일반적으로 삼바르(채소 스튜)나 코코넛 처트니와 함께 제공된다.

- **다히**(Dahi)

다히는 우유를 젖산균으로 발효시켜 만든 인도의 전통적인 요구르트로, 소화를 돕고 면역력 증진에도 효과가 있다. 다양한 요리에 활용되며, 라씨(Lassi)와 같은 음료로도 소비된다.

- **아차르**(Achar)

아차르는 다양한 채소나 과일을 향신료와 함께 절여 만든 인도식 발효피클로, 풍부한 향과 자극적인 맛이 특징이다. 식사 시 밥이나 빵과 함께 곁들여 먹는다.

- **칸지**(Kanji)

칸지는 검은 당근이나 비트를 소금과 함께 발효시켜 만든 전통 발효음료로, 주로 북인도 지역에서 소비된다. 젖산균이 풍부하여 소화를 돕고 해독작용이 있다고 알려져 있다.

- **도히**(Dohi)

도히는 우유를 발효시켜 만든 요구르트로, 다양한 요리에 사용되며 소화촉진에 도움을 준다. 특히 카레요리와 함께 제공되어 매운맛을 완화시키는 역할을 한다. 일부 지역에서는 도히와 다히를 동의어로 사용하기도 한다.

- 부리(Bhuri)

부리는 밀가루 반죽을 발효시킨 후 기름에 튀겨 만든 빵으로, 바삭하면서도 부풀어 오른 형태다. 카레나 반찬과 함께 제공되며, 북인도에서 먹는 대중적인 음식이다.

- 치나(Chhena)

치나는 우유를 산(레몬즙, 식초 등)을 넣어 응고시켜 만든 신선한 치즈로, 인도 동부 지역에서 널리 식용한다. 다양한 전통 디저트의 기본 재료로 쓰이며, 대표적인 예로 라스굴라(Rasgulla)와 치나 포다(Chhena Poda) 같은 달콤한 디저트가 있다.

- 핸드보(Handvo), Incorrect term: Handvoa, 핸드보아

핸드보는 쌀과 렌틸콩을 발효시켜 만든 구자라트 지역의 전통 케이크로, 다양한 채소와 향신료를 첨가하여 구워낸다. 영양가가 높고 식이섬유와 단백질이 풍부하여 간식이나 아침 식사로 즐겨 먹는다.

(4) 필리핀 주요 전통 발효식품

필리핀의 전통 발효식품은 다양한 문화적·지역적 영향을 반영하며, 독특한 발효기법을 통해 깊은 풍미와 유익한 영양소를 지니고 있다. 이 지역의 발효식품은 단순한 보존 목적을 넘어서, 필리핀인의 입맛과 식문화를 형성하

는 중요한 요소이다. 각 지역의 기후, 지리, 역사적 배경이 어우러져 고유의 발효 방식이 발전하였다. 오늘날에도 이러한 발효 전통은 계승되고 있으며, 세계적인 요리사들 사이에서도 주목받고 있다.

대표적인 필리핀 전통 발효식품은 다음과 같다.

- **부로(Buro)**

작은 바닷게(탈랑카)를 소금을 넣어 발효시켜 만든 식품으로, 필리핀의 팜팡가(Pampanga) 지역에서 유명하다. 부로 나 칸콘(Buro na Kangkong)은 물풀(칸콘)을 발효시켜 만든 것으로, 쌀과 함께 먹으면 깊은 감칠맛을 느낄 수 있다. 일반적으로 새콤한 맛과 짠맛이 어우러진 깊은 풍미가 있다. 단순한 염장방식이 아닌 발효가 일어나 젖산균이 풍부하여 장 건강에도 좋다.

- **푸토(Puto)**

쌀가루를 반죽하여 자연 발효시켜 만든 필리핀식 찐 떡이다. 쌀가루를 발효할 때 미생물이 자연적으로 작용하여 약간의 신맛과 부드러운 식감을 낸다. 지역마다 다양한 변형이 있으며, 일부 지역에서는 코코넛 밀크와 치즈를 넣어 풍미를 강화하기도 한다.

- **비빙카(Bibingka)**

쌀가루 반죽을 발효시킨 후, 바나나 잎 위에 부어 숯불에 구운 전통 떡으로, 이 과정에서 독특한 연기 향이 배어 나와 특별한 풍미를 준다. 대표적인 변형식품으로는 비빙카 말라깃으로, 보다 쫀득한 식감과 달콤한 맛이 강조되었다.

- 롱가니사(Longganisa)

일반적으로 돼지고기를 다진 후, 마늘, 식초, 소금, 후추 등을 섞고 몇 시간 또는 며칠 동안 발효시켜 풍미를 더한다. 필리핀의 각 지역마다 독특한 롱가니사가 있으며, 크게 단맛이 강한 것(스위트 롱가니사)과 짠맛이 강한 것(솔티 롱가니사)으로 구분된다. 유명한 지역별 롱가니사가 있으며 비간 롱가니사(Vigan Longganisa)는 마늘 맛이 강하고 건조한 형태이고 루세나 롱가니사(Lucban Longganisa)는 짭짤하면서도 톡 쏘는 신맛이 강한 제품이다.

- 토치노(Tocino)

돼지고기에 설탕, 소금, 식초, 마늘을 섞어 1~3일 정도 발효 및 숙성시켜 단맛과 감칠맛을 극대화한다. 전통적인 방식에서는 인공 보존제를 사용하지 않고, 자연발효를 통해 풍미를 더한다.

- 바공(Bagoong)

몇 가지 종류가 있다. 바공 알라망(Bagoong Alamang)은 작은 새우를 소금과 함께 발효하여 만든 것으로, '비콜 익스프레스'와 같은 요리에 많이 사용된다. 바공 이스다(Bagoong Isda)는 생선을 발효시켜 만든 것으로, 라오스, 태국 등 동남아 지역의 피시 소스와 비슷하다. 감칠맛이 강하여 필리핀 요리에 다양하게 사용되며 필수 조미료다.

- **파티스**(Patis)

생선을 소금과 함께 오랜 기간(6개월~1년) 숙성시키면서 자연 발효되어 액체 상태의 조미료가 만들어진다. 주로 국물요리에 감칠맛을 더하거나, 해산물요리의 맛을 풍부하게 하는 데 사용된다.

- **케송 푸티**(Kesong Puti)

물소(카라바오) 젖을 발효시켜 만든 부드러운 신선치즈로, 필리핀 식 '모짜렐라'라고도 한다. 짠맛이 적고 부드러우며, 빵이나 과일과 함께 먹는 경우가 많다.

- **타푸이**(Tapuy)

쌀을 쪄서 특정한 곰팡이 균(주로 *Aspergillus oryzae*)을 이용해 2~3주 동안 발효시켜 쌀 와인을 만든다. 일반적으로 도수가 14~16도 정도로 한국의 막걸리와 비슷하지만, 더 달고 향이 강하다. 필리핀 북부지역(이푸가오, 벵게트)에서 전통적으로 만들어 먹는다.

• 수카(Suka)

수카는 식초를 의미하며, 코코넛 수액이나 사탕수수 즙을 만들어 자연 발효시켜 만드는 식초이다. 발효 후 미생물이 작용하여 톡 쏘는 신맛이 강하고, 발효기간이 길수록 깊은 풍미를 낸다. 몇 종류가 있는데 수카 일로코스(Suka Ilocos)는 산도가 강한 대표적인 필리핀 식초이고, 수카 파티스(Suka Patis)는 생선 발효 과정에서 얻어지는 특수한 어장이다. 'Suka Patis'는 식초와 어장을 뜻한다.

(5) 인도네시아 주요 전통 발효식품

인도네시아의 전통 발효식품은 매우 다양하며, 각 지역마다 고유한 발효 기술과 재료를 사용한다. 각 식품은 독특한 맛과 제조 방법으로 만들며, 인도네시아의 풍부한 음식문화를 반영하고 있다. 인도네시아의 전통 발효식품은 열대기후와 다양한 식문화 속에서 발달해 온 독특한 특성을 지니고 있다. 주요 특징은 식물성 원료중심이고 콩(특히 대두), 쌀, 카사바(마니오크), 코코넛, 바나나 잎 등이 주요 원료이다. 동물성 재료보다 식물성 재료가 발효에 더 많이 사용되고 곰팡이와 세균 복합 발효를 하는 특징이 있다.

• 템페(Tempeh)

인도네시아의 대표 발효식품으로, 대두를 발효해 만든 전통 식품이며 고단백 식품으로 잘 알려져 있다. 발효과정에서 Rhizopus 속의 곰팡이가

증식하며, 단백질과 식이섬유가 풍부하다. 채식주의자와 비건 식단에서 육류 대체식품으로 인기가 높다. 대두를 깨끗이 씻고 물에 불려 껍질을 제거한 후 삶아 익힌 후 물기를 제거하고 식힌다. 여기에 템페 스타터(Rhizopus 속 곰팡이)를 접종한 후 바나나 잎 또는 플라스틱으로 감싸 30±2°C의 실온에서 24~48시간 발효하면 표면에 흰 곰팡이가 형성되며 완성된다. 튀기거나 볶아서 요리해 먹으며 샐러드나 샌드위치에 추가하기도 한다. 발효가 오래된 템페는 강한 감칠맛이 있어 조미료로 사용하기도 한다. 발효에서 비소화성 다당류가 분해, 단당류나 이당류로 변하여, 소화성을 높인다.

• 페유엠(Peuyeum)

서부 자바(반둥 지역)에서 유래한 발효된 카사바 식품으로 타페(Tape)와 비슷하지만, 더 건조하고 단맛이 강하다. 주로 디저트로 소비되며, 알코올 성분이 소량 포함되어 있다. 카사바 껍질을 벗기고 깨끗이 씻고 삶아 식힌 후, Saccharomyces 속의 효모가 포함된 스타터(라기 타페)를 접종한다. 그리고 바나나 잎으로 감싸 2~3일 동안 실온에서 발효한다. 표면에 흰 곰팡이가 피고 달콤한 향이 나면 완성된다. 그대로 섭취하거나 튀겨서 간식으로 활용하며 케이크, 아이스크림, 전통 음료(바주르앙) 등에 사용하기도 한다.

• 타우초(Tauco)

발효된 대두페이스트로, 인도네시아 요리에 감칠맛을 더하는 조미료 역할을 한다. 일본의 미소(Miso) 및 중국의 된장과 유사하지만, 염도가 높고 씹히는 질감이 있다. 대두를 불려서 부드럽게 만든 후 삶아 햇볕에 말린 후, 대나무 쟁반에서 1~3일간 자연 발효한다. 발효된 대두를 소금물(약 20%)에 넣고 점토항아리에서 3~4주간 추가 발효하고 필요에 따라 설탕, 향신료 추가하기도 한다. 볶음요리, 국물요리의 양념으로 사용하고 생선, 닭고기, 채소요리에 감칠맛을 더한다.

• 아락 발리(Arak Bali)

발리에서 유래한 전통 증류주로 주재료로 사탕수수, 쌀, 코코넛이 사용되며, 발효 후 증류과정을 거쳐 알코올 도수는 30~50%에 이르며, 전통 의식이나 축제에서 많이 사용된다. 사탕수수나 쌀을 발효하여 저알코올 액체를 만들고 증류 과정을 거쳐 고농도 알코올을 얻은 후 오크통에서 숙성하거나 직접 소비한다. 전통 의식에서 신에게 바치는 공물로 사용하거나 칵테일로 혼합하여 음료로 소비된다.

• 짭 티꾸스(Cap Tikus)

북술라웨시 지역에서 유래한 증류주로, 알코올 함량이 40% 이상이다. 야자수 수액을 발효 후 증류하여 만든다. 야자수 수액으로 자연 발효한 다음 전통적인 증류기(대나무 또는 점토 용기)를 사용하여 알코올 증류한다. 숙성 없이 바로 소비되거나 희석 후 판매한다. 술로 직접 마시거나 칵테일로 활용한다.

• 발로(Ballo)

남술라웨시 토라자 지역에서 생산되는 발효음료로 야자수 수액을 이용하여 발효시키며, 알코올 도수는 2~5% 정도다. 신선한 상태에서 마시면 달콤한 맛이 있으며, 장시간 발효하면 강한 신맛이 난다. 야자수 나무에서 수액을 채취하여 천연효모를 이용해 24~48시간 자연 발효하며 발효 정도에 따라 달콤하거나 시큼한 맛을 준다. 술로 직접 마시거나 전통 행사에서 사용한다.

- 소피(Sopi)

말루쿠와 플로레스 지방에서 소비되는 강한 증류주로 대추야자 수액을 발효 후 증류하여 생산한다. 알코올 함량은 50% 이상으로, 매우 강한 도수의 술이다. 대추야자 나무에서 수액을 채취하여 자연 발효한 후 대나무 또는 점토 용기를 사용하여 증류한다. 병에 담아 판매 또는 직접 소비한다.

Fresh Palm Wine, Wikimedia Commons, CC BY-SA 3.0

- 스완스라이(Swansrai)

파푸아 지역에서 만들어지는 코코넛 수액을 사용한 전통 발효주로, 알코올 도수는 약 8~12% 정도이며 특별한 손님에게 제공하는 귀한 술로 여기고 있다. 코코넛 수액을 채취하여 자연발효하며 추가 증류 없이 그대로 이용하며 전통 의식에서 주요 음료로 사용한다.

- 투악(Tuak)

수마트라의 바탁 부족에서 전통적으로 마시는 발효음료로, 팜나무의 수액(Palm sap)을 이용해 약 8%의 알코올 도수를 지닌 술로 만든다. 지역마다 다양한 변형이 있으며, 달콤한 맛이 특징이다. 나무에서 수액을 채취해 천연효모로 발효한 뒤, 여과 과정을 거쳐 마신다. 일반적인 술로 즐기기도 하고, 전통 행사에서도 사용된다.

- 찌우(Ciu)

중부 자와 지역에서 제조되는 전통 발효후 증류주로 당밀이나 카사바를 이용하여 만든다. 알코올 도수는 20~30% 정도이며, 값싸고 쉽게 구할 수 있어 서민층에서 인기가 있다. 당밀 또는 카사바를 물과 함께 섞어 자연발효하며, 발효가 완료되면 증류하여 알코올 농도를 높인다. 병에 담아 유통 또는 직접 소비한다.

(6) 말레이시아의 주요 전통 발효식품

말레이시아의 전통 발효식품은 말레이시아, 중국, 인도 문화가 융합된 독특한 구조를 보인다. 다민족, 다문화를 배경으로 여러 나라 문화의 영향을 골고루 받고 있다. 열대 고온다습 기후에 기반 한 자연발효가 일반적이며, 주로 실온에서 장시간 발효, 숙성한다. 주원료는 어류(젓갈류), 발효된 콩(예: tempeh, taucu), 쌀(예: tapai, 단맛과 알코올 생성), 열대 과일/채소(fermented condiments)가 이용되며 짠맛, 감칠맛(umami), 약간의 신맛을 중심으로 관련 제품이 생산, 소비되고 있으며 조미, 건강, 단백질을 보충하고, 저장성이 향상된다. 이처럼 말레이시아의 전통 발효식품은 다양한 재료와 발효기법을 활용하여 독특한 풍미를 갖고 있다. 공통적으로 강한 감칠맛과 독특한 향이 특징이다.

- **템페**(Tempeh)

템페는 대두를 발효시켜 만든 식품으로, 원래 인도네시아에서 유래했지만 말레이시아에서도 널리 소비되고 있다. 삶은 대두에 *Rhizopus oligosporus* 균을 접종하여 발효시킨다. 단백질이 풍부하며 고기 대체식품으로 인기가 있고 쫄깃한 식감과 고소한 맛을 가지고 있으며, 튀기거나 조림 요리에 활용된다.

- **벨라찬**(Belacan)

벨라찬은 말레이시아 요리에 필수적인 새우 페이스트로 향이 강하고 감칠맛이 뛰어나며, 다양한 요리에 양념으로 사용된다. 작은 새우(krill)를 소금에 절여 자연 발효시킨 후, 햇볕에 말려 페이스트 또는 블록 형태로 만든다. 강한 향과 짠맛이 특징이며, 삼발(Sambal, 매운 고추소스) 같은 요리에 자주 사용된다.

- **쿠두**(Kudu) **또는 부두**(Budu)

쿠두는 주로 말레이시아 동부 해안지역(특히 클란탄과 트렝가누)에서 인기 있는 생선발효소스이다. 작은 생선(주로 멸치)을 소금과 함께 몇 달 동안 발효시켜 걸쭉한 액체 상태로 만든다. 벨라찬보다 더 부드러운 풍미를 가지며, 라임, 고추, 양파 등과 함께 섞어 소스로 사용된다. 주로 밥이나 해산물 요리에 곁들여 먹는다.

- **체론차**(Cencaluk)

체론차는 벨라찬과 비슷하지만, 새우가 페이스트 형태가 아니라 액체상태로 발효되는 것이 특징이다. 작은 새우(Acetes)를 소금 및 쌀과 함께 숙성시켜 만든 발효 새우소스로 짭짤하고 새콤한 맛이 있으며, 생 고추, 라임 즙과 함께 곁들여 먹거나 다양한 요리에 소스로 활용된다.

- **타우초**(Taucu)

타우초는 발효된 콩 페이스트로, 주로 중국계 말레이시아인들이 사용하는 조미료로 삶은 콩을 *Aspergillus oryzae* 균으로 발효시킨 후, 소금물과 함께 숙성시킨다. 된장과 유사한 감칠맛이 있으며, 국물요리, 볶음요리, 찜요리 등에 자주 사용된다.

- **타파이**(Tapai)

타파이는 달콤하고 약간 알코올이 함유된 발효 쌀 제품으로, 말레이시아뿐만 아니라 인도네시아에서도 흔히 볼 수 있다. 찹쌀이나 카사바를 삶은 후, Saccharomyces

등 효모균을 첨가하여 며칠간 발효시킨 제품이다. 부드러운 질감과 달콤한 맛이 있으며, 디저트로 먹거나 술을 만드는 데 사용된다.

(7) 몽골의 전통 발효식품(Demberel, D., Narmandakh, D. and Davaatseren, D.,N. 2016)

몽골의 전통 발효식품은 오랜 역사에서 정착된 생활방식인 유목생활과 척박한 기후조건에서 형성된 독자적 식문화의 산물로, 주로 가축의 젖을 원료로 한 발효유제품이 중심을 이룬다. 대표적인 식품으로 말 젖을 발효시켜 만든 아이락(Airag)은 낮은 알코올 함량과 청량한 맛을 지니며, 외부인의 환대와 의례에 사용되는 상징적 식품이다. 또한 타라그(Tarag, 요구르트 유사품), 아롤(Aarul, 건조 치즈), 슈르테(Shurte, 농축 유청 식품) 등 다양한 발효 유제품이 식용되고 있다. 이들은 장기간 저장과 휴대가 가능하여 유목생활에 적합하다. 발효에는 Lactobacillus spp.와 Saccharomyces spp.가 주로 관여하여 젖산, 에탄올, 이산화탄소를 생성함으로써 보존성과 기호성을 높인다. 몽골 발효식품은 단순한 영양공급을 넘어 사회·문화적 상징성을 지니며, 발효기술과 유목생활 방식이 결합된 독창적 식문화로 정착되었다.

- 코우미스(Koumiss-Airag)

Airag는 몽골을 대표하는 전통 발효음료로, 말 젖을 발효시켜 만든 저도수의 알코올성 발효주이다. 약 1~3% 정도의 알코올을 함유하며, 독특한 신맛과 청량한 풍미를 지닌다. 코우미스는 손님 접대와 의례에서 필수적인 환대의 상징이며, 몽골 유목민 문화의 정체성을 보여주는 대표 발효식품이다.

• 타르그(Targ)

타르그는 몽골의 대표적인 발효유제품으로, 소·양·염소젖을 발효시켜 만든 걸쭉한 형태의 발효유이다. 요구르트와 유사하지만 보다 강한 신맛과 진한 농도를 가지며, 여름철 갈증 해소와 소화 촉진을 위해 널리 섭취된다. 주로 단독으로 먹거나 빵, 곡류와 곁들여 이용된다.

• 아스룰(Asrul)

아스룰은 발효유를 건조시켜 만든 저장 발효식품이다. 수분을 줄여 단단하게 만든 형태로 장기간 보관이 가능하며, 특히 겨울철 단백질 공급원으로 중요한 역할을 한다. 이동 생활이 잦은 유목민의 특성에 맞추어 개발된 식품으로, 물이나 차에 풀어 음용하기도 한다.

• 슈레(Shuree)

슈레는 묽은 액상의 발효유 음료로, 산미가 강하고 청량감이 있다. 아이라그와 유사하지만, 알코올 함량이 거의 없거나 미미하여 주로 여름철 갈증해소용으로 소비된다. 몽골의 일상생활 속에서 차가운 발효유 음료의 역할을 담당한다.

• 아이락(Airag)

주로 암말의 젖(Mare's milk)을 이용해 만든 몽골의 대표적인 발효유로, 젖산균과 효모에 의해 자연적으로 발효된다. 약간의 신맛과 청량감이 있으며, 알코올이 약 1~3% 함유되어 있다. 주로 여름철에 많이 마시며, 몽골인들의 일상적인 음료로 자리 잡고 있다.

● **타락**(Tarag)

소, 양, 염소젖을 발효시켜 만든 요구르트 류이다. 걸쭉한 농도와 신맛을 가지며, 현대적 요구르트와 비슷하다. 몽골가정에서 일상적으로 먹는 가장 기본적인 발효유 제품으로, 단독으로 또 다른 발효식품 제조의 소재 활용된다.

● **아롤**(Aaruul)

발효치즈를 건조시켜 만든 저장 발효식품이다. 딱딱하고 산미가 강한 특성을 가지며, 휴대성과 보존성이 뛰어나 이동생활이 많은 유목민에게 매우 중요한 영양원이다. 흔히 어린이 간식으로도 제공되며, 차와 함께 곁들이기도 한다.

● **비아슬락**(Byaslag)

Byaslag는 몽골식 신선치즈로, 주로 소젖을 이용해 제조된다. 소금기를 약간 첨가하여 만든 부드러운 형태의 발효치즈이며, 일상적인 단백질 공급원으로 이용된다.

2) 유럽의 주요 전통 발효식품(Cuamatzin-Garcia, et al. 2022)

유럽의 발효식품은 지역적 특성과 역사적 배경 그리고 기후와 문화적 배경에 따라 다양한 형태로 발전해 왔으며, 오랜 기간 식량 보존과 건강 증진을 위한 식품으로 중요한 역할을 해왔다. 서늘한 기후와 사계절이 뚜렷한 지역이 많아, 오랫동안 식품저장과 영양 보충을 위한 발효식품 제조 기술이 발달하였다. 특히 우유, 곡물, 채소, 육류, 생선 등 다양한 원재료를 이용한 발효식품이 지역과 국가별로 특색 있게 출현하였다.

근래 장 건강과 면역력 강화에 대한 관심이 높아지면서 전통 발효식품이 재조명되고 있으며, 천연발효 방식이 더욱 인기를 얻고 있다. 이들 발효식품은 식단에서 맛과 영양을 증진시키고 동시에 건강에 이로운 생리작용으로 건강에 긍정적인 영향을 주며, 국가별로 독창적인 식문화를 형성하고 있다.

대표적인 유럽 발효식품은 다음과 같다.

● 사우어크라우트(Sauerkraut)

독일을 비롯한 중부 및 동유럽에서 전통적으로 먹고 있는 발효 양배추 식품이다. 소금에 절인 양배추를 밀폐된 용기에서 발효하여 젖산균을 증식시키면, 자연스럽게 젖산에 의해서 신맛이 형성되면서 독특한 풍미를 가진다. 제조 방법은 신선한 양배추를 얇게 채 썰어 소금을 뿌려 탈수한다. 밀폐용기(유리병이나 도자기 항아리)에 담고 공기를 차단한 상태로 발효시킨다. 보통 실온에서 최소 1~4주 정도 발효가 진행되며, 온도와 환경에 따라 맛이 달라진다. 발효가 완료되면 냉장 보관하며 장기간 저장할 수 있다.

● **킴멜브로트**(Kümmelbrot)

오스트리아와 독일 등에서 즐겨 먹는 전통 호밀빵으로, 호밀가루와 밀가루를 혼합하여 만든다. 캐러웨이 씨(킴멜, Caraway seed)를 넣어 독특한 향을 지니며, 천연발효종(sourdough starter)이나 효모를 사용해 오랜 시간 저온발효(12~24시간)시킨 뒤 고온에서 구워 깊은 풍미를 낸다. 장시간 숙성 발효로 인해 소화가 잘 되고 풍미가 풍부한 것이 특징이다.

● **로퀘포르트**(Roquefort) **치즈**

프랑스 남부 로퀘포르트 지방에서 생산되는 블루치즈로 양젖을 사용하여 만들며, 푸른곰팡이(*Penicillium roqueforti*)로 로퀘포르트 치즈는 과거에는 자연적으로 곰팡이가 퍼졌지만 푸른곰팡이(*Penicillium roqueforti*)를 인공 접종하여 숙성 발효시킨 제품이다. 원산지 명칭보호인증을 받은 전통치즈로 신선한 양젖에 렌넷(응고제)을 넣어 응고시킨 치즈 덩어리를 자르고, 곰팡이 배양액을 주입하여 숙성을 시작한다. 보통 동굴에서 최소 3개월 이상 숙성시키며, 자연바람을 이용해 발효를 조절하기도 한다.

● **파르미지아노 레지아노**(Parmigiano Reggiano)

이탈리아 "치즈의 왕"이라고 불리는 경성치즈로, 최소 12개월~36개월 숙성시킨 이탈리아 파르마 지역에서 전통 방식으로 제조된다. DOP(원산지 보호) 인증을 받았고 감칠맛이 뛰어나며, 요리에 활용성이 높다. 신선한 우유를 가열한 뒤, 자연발효균을 이용해 응고시킨 후

치즈 덩어리를 절단하고, 틀에 넣어 압착 후 소금물에 담가 숙성고에서 장기간 발효·숙성하여 깊은 맛을 낸다.

- 케피어(Kefir)

우유를 케피어 종균(효모+유산균 혼합)으로 발효시킨 전통 발효음료이다. 요구르트보다 더 많은 프로바이오틱이 살아 있어 장 건강에 좋다. 러시아 및 코카서스 지역에서 유래된 발효유다. 우유에 케피어 종균을 넣어 실온에서 24시간 이상 발효시킨다. 발효 후 케피어 입자를 걸러내어 냉장보관한다. 숙성기간에 따라 점도가 증가하고 풍미가 깊어진다.

- 보르쉬트(Borscht)

우크라이나와 러시아에서 전통적으로 먹는, 사탕무와 비트를 이용한 수프다. 사탕무(비트)를 발효시켜 신맛을 내며, 고기, 감자, 양배추 등을 넣어 조리한다. 즉 사탕무를 소금물에 담가 젖산발효(2~7일)를 한 후, 여기에 육수(소고기, 돼지고기, 닭고기 등)를 우려낸 후 발효된 사탕무와 채소를 넣고 끓인다. 사워크림과 딜(허브)을 곁들여 먹는다.

- **올리브**(Fermented Olives)

올리브는 자연 상태에서는 쓴맛이 강하므로, 소금물에 절이거나 젖산발효 후 식용으로 한다. 스페인, 이탈리아, 그리스 등 지중해 국가에서 널리 생산, 소비되고 있다. 올리브를 소금물에 담가 3~12개월 동안 발효시키며 이때 젖산균과 효모가 작용하면서 올리브 특유의 맛과 향이 형성된다. 그리스형, 스페인형, 캘리포니아형이 유통된다.

- **사워도우 브레드**(Sourdough Bread)

선발된 효모 대신 천연발효 종(사워도우 스타터)으로 발효한 전통 빵이다. 프랑스, 독일, 이탈리아, 스칸디나비아 지역에서 널리 만들어 먹는다. 밀가루와 물을 혼합하여 반죽하고 발효 종을 반죽에 섞어 저온에서 12~24시간 동안 천천히 발효시킨다. 오븐에서 높은 온도로 구워내며, 바삭한 껍질과 쫄깃한 속살을 형성하여 독특한 조직을 갖는다.

- **그릭 요거트**(Greek Yogurt)

그리스에서 만들어 먹는, 일반 요구르트보다 더 걸쭉하고 단백질 함량이 높은 발효유제품이다. 전통적으로 양젖 또는 소젖을 사용하여 발효한 제품이다. 우유를 가열하여 살균한 후 젖산균을 첨가하여 발효(4~12시간)한다. 발효가 완료된 후 유청을 제거하여 더 진한 농도의 요거트를 만든다. 냉장보관 후 섭취하며, 꿀, 견과류, 과일과 함께 먹기도 한다.

● 발사믹 식초(Balsamic Vinegar)

포도즙을 알코올 발효한 후 식초로 발효되도록 오랜 기간 자연발효한 다음 장기간 숙성시켜 만든 세계적으로 잘 알려진 고급 식초다. 이탈리아 모데나(Modena) 지역의 전통 방식으로 만든 식초가 유명하다. 신선한 포도를 압착하여 포도즙(머스트)을 만들고 나무통에 넣고 12~25년 동안 자연 발효 및 숙성을 거쳐 짙은 색과 풍부한 향미를 형성한다. 샐러드, 스테이크 요리 등에 활용된다.

● 절임청어(Pickled Herring)

북유럽 즉 스웨덴, 노르웨이, 네덜란드 등에서 전통적으로 즐기는 발효생선식품이다. 신선한 청어를 소금에 절여 수분을 제거한 뒤 식초, 양파, 향신료(딜, 후추, 월계수 잎 등)와 함께 넣어 몇 주에서 몇 달간 숙성 시켜 특유의 풍미를 낸다. 차갑게 보관하며 보드카 또는 감자와 함께 곁들여 먹는다.

● 톰 드 사부아(Tomme de Savoie)

프랑스 알프스 지역에서 생산되는 반(半) 경성 치즈로, 전통적으로 소젖을 사용하여 만든다. 표면에 곰팡이(*Geotrichum candidum*, Penicillium spp.)가 관여하는 자연 숙성형 치즈로, 외피는 회갈색이고 내부는 크리미한

노란색을 띤다. 가열하지 않은 생우유를 이용해 응고시킨 후 압착하고, 몇 주간 지하 숙성고에서 숙성한다. 지방 함량이 낮고 향이 부드러워 빵이나 와인과 잘 어울린다.

• 수르스트뢰밍(Surströmming)

스웨덴 북부지방에서 전통적으로 소비되는 청어발효식품이다. 발트해산 청어를 봄철에 잡아 염장한 후, 발효통에서 수개월간 혐기적 젖산발효를 시킨다. 이후 캔에 담아 추가로 발효를 지속시킨다. 강한 냄새와 자극적인 풍미로 유명하며, 얇은 감자 빵과 양파, 크림 등을 함께 먹는다. 매우 독특한 향으로 인해 야외에서 먹는 것이 일반적이다.

• 스크레(Skyr)

아이슬란드 전통 발효유로, 요구르트와 치즈의 중간 형태를 띤다. 탈지우유를 가열한 후 젖산균(*Lactobacillus delbrueckii*, *Streptococcus thermophilus*)을 첨가해 발효시킨다. 발효 후 유청을 제거한 것으로 질감이 있고 단백질 함량이 높다. 건강식으로 인식되며, 꿀이나 과일과 함께 섭취한다.

• 라이 브레드(Rye Bread/Rugbrød)

덴마크와 핀란드를 포함한 북유럽에서 널리 소비되는 호밀 발효 빵이다. 발효에 사워도우 스타터를 이용하며, 발효시간은 24시간 이상으로 장시간 저온 숙성한다. 거친 질감과 신맛이 특징이며, 주로 오픈 샌드위치(Smørrebrød)의 기반으로 사용된다.

• 쿼르크(Quark)

독일, 오스트리아, 네덜란드 등지에서 소비되는 젖산발효 유제품이다. 신선한 우유에 젖산균을 접종하여 응고시킨 후 유청을 분리해 만든다. 크리미하고 부드러운 질감을 가지며, 단맛 또는 짠맛을 가미해 디저트, 소스, 샐러드 등에 활용된다. 고단백 저지방 식품으로 알려져 있다.

• 크바스(Kvass)

러시아, 벨라루스, 우크라이나 등 동유럽에서 전통적으로 마시는 발효곡물 음료다. 주로 호밀빵을 물에 불린 후 설탕, 과일 껍질, 효모, 젖산균 등을 넣어 2~5일간 발효시킨다. 알코올 함량은 낮으며, 탄산이 자연적으로 형성되어 청량감이 있다. 식사와 함께 곁들이는 전통 음료로 인기 있다.

• 브린자 치즈(Bryndza)

슬로바키아, 루마니아, 우크라이나 등 카르파티아 지역에서 생산되는 전통 양젖발효 치즈이다. 양젖을 발효시켜 부드러운 페이스트 상태로 만든 후, 숙성시켜 짭짤하고 강한 풍미를 띠게 한다. Lactobacillus 및 Streptococcus 속의 젖산균이 관여하며, 주로 감자 요리 또는 빵에 발라 먹는다. 유럽연합에서 지리적 표시 보호를 받고 있다.

• 비스타벨라(Vista Bella) 사과 사이다 식초

영국 및 프랑스 브르타뉴 지역에서 생산되는 사과 기반 발효음료 및 식초다. 신선한 사과즙을 이용해 두 단계 발효(알코올발효 → 초산발효)를 거쳐 만든다. 사과주 발효에는 *Saccharomyces cerevisiae*가, 식초 발효에는 *Acetobacter aceti*가 관여한다. 발효기간은 수개월 이상 소요되며, 샐러드 드레싱이나 건강음료로 활용된다.

- 하로스메즈(Harosmez)

헝가리의 전통 채소 발효식품으로, 주로 파프리카와 양배추, 오이 등을 혼합하여 젖산균발효를 거친다. 절임 후 *Lactoplantibacilus plantarum* 등 젖산균에 의해 자연 발효되며, 식사용 반찬이나 샐러드로 제공된다. 헝가리 전통 명절이나 고기요리와 함께 소비된다.

3) 아프리카의 주요 전통 발효식품(Olasupo, N.A. et al, 2010)

아프리카 대륙은 다양한 민족과 언어, 기후대, 생태환경으로 구성되어 있으며, 이러한 다양성은 발효기술의 지역화(localization)를 유도하고 있다. 각 지역에서는 기후와 천연자원에 따라 특유의 발효식품들이 발달하였고, 이들 식품은 주민들의 주식이자 저장식품, 집단의례나 종교행위, 치유 및 건강관리의 일환으로 활용되어 왔다. 대부분의 발효는 자연미생물 군집(Mixed indigenous microflora)에 의존하며, 발효는 보존성 향상, 독성 제거, 식미 개선, 기능성 강화 등의 효과가 있다. 많은 아프리카 지역 공동체의 전통 발효식품은 식생활, 문화, 그리고 경제에 중요한 역할을 하고 있다. 이러한 식품들은 이 지역의 주 생산 원료인 옥수수, 수수, 기장과 같은 곡류, 카사바와 얌과 같은 괴근류, 아프리카 메꽃콩과 같은 콩류, 그리고 유제품 등 다양한 식재료를 이용하여 발효식품을 만든다.

아프리카 발효식품은 대부분 전통적이고 소규모의 수작업 방식으로 만들어지며, 지역 생물다양성과 관계가 되고 토착 지식을 이용한다. 지역별로 특색 있는 전통 발효식품이 발전해 왔으며 지역 주민들의 주식으로 이용하는 경우가 많다. 문화적, 영양학적, 사회적 측면에서 중요한 역할을 하고 있다.

아프리카의 주요 발효식품은 다음과 같다.

- 우지(Uji)

옥수수, 수수, 기장 등 곡류를 가루로 만들어 물에 혼합하고 따뜻한 환경에서 자연발효 시킨 후, 끓여 걸쭉한 죽 형태로 만든다. 동아프리카 지역(케냐, 탄자니아 등)에서 광범위하게 소비되며, 유아식이나 환자식으로도 적합하다. 소화가 용이하며, 젖산 발효로 인한 약한 산미가 특징이다.

- 오부셰라(Obushera)

기장 또는 옥수수 가루를 물에 섞어 반죽을 만들고 이 혼합물을 발효시킨다. 자연산 젖산균이 관여하며, 숙성 정도에 따라 산미가 증가한다. 발효된 혼합물을 끓여 음료로 만든다. 우간다에서 인기 있는 전통 발효음료이고 시큼한 맛이 특징이며, 더운 날씨에는 시원하게 즐긴다.

- 케피어(Kefir)

케피어(Kefir)는 우유 또는 식물성 음료를 발효시켜 만든 전통 발효유로, 젖산균과 효모가 공생하는 복합발효식품이다. 주로 코카서스 지역(특히 러시아, 조지아, 아르메니아 등)에서 유래되었으며, 오랜 역사와 함께 건강식으로

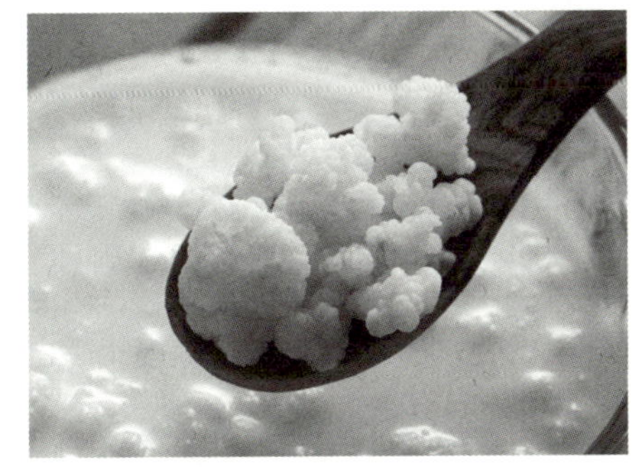

널리 알려져 있다. 주로 우유(소, 양, 염소 등), 최근에는 코코넛 밀크, 콩, 아몬드 밀크 등 식물성 원료도 같이 사용하고 케피어 그레인(Kefir grains–유산균과 효모의 복합체)을 이용한다. 젖산균과 효모가 발효에 관여한다. 젖당 불내증 개선, 항염증, 항균 작용이 알려져 있다.

- 인제라(Injera)

테프(Teff) 가루와 물을 혼합하여 반죽을 만들고 이 반죽을 며칠간 발효시킨다. 발효된 반죽을 얇게 부쳐서 팬케이크 형태로 만든다. 발효 기간은 통상 2~3일이며, 이 과정에서 젖산균과 효모가 공존, 발효에 관여하고 신맛과 스펀지 질감을 형성한다. 에티오피아와 에리트레아의 주식으로, 스펀지 같은 질감이 특징이다. 다양한 스튜나 찌개와 함께 제공되며, 손으로 찢어 집어 먹는다.

- 가리(Gari)

서아프리카(가나, 나이지리아, 베냉 등)에서 널리 소비되는, 카사바를 원료로 만든 식품으로, 카사바를 갈아 자연 발효시킨 후 탈수하고 볶아서 만든 건조, 분말 형태이다. 물에 개어 죽으로 먹거나, 따뜻한 물로 반죽하여 주먹밥처럼 먹기도 한다. 발효 과정에서 독성성분인 시안화물을 제거하는 효과도 있다.

- **포니오 맥주**(Fonio Beer)

포니오는 서아프리카 사헬 지역에서 5000년 전부터 재배해 왔고 포니오로 전통적으로 제조되어 마시는 발효한 주류이다. 포니오(Fonio) 곡물을 맥아화하여 당화를 유도한 후, 발효시켜 알코올을 생성시킨다. 음용 외에도 결혼식, 성인식, 추수감사제 등 의례에서 사용되며 사회적 결속의 상징으로 사용한다.

- **도우**(Dowo)

사용원료는 수수(Sorghum), 기장(Millet) 등이고 수수를 빻아 물과 혼합하여 반죽을 만들고 발효시킨다. 몇 시간 동안 숙성한 후, 팬에 부쳐 얇은 팬케이크 형태로 만들어 먹는다. 발효로 인한 향과 산미가 식욕을 자극한다. 서아프리카에서 주로 소비되는 발효 곡물 빵인 인제라(Injera)와 비슷한 질감을 지니며 향이 강하고 약간 신맛이 도는 것이 특징이다.

- **포요**(Fôyo)

주요 원료는 카사바(Cassava)로, 카사바를 갈아 물에 담가 발효 후 탈수하여 가루 형태로 만든다. 이 가루를 다시 물에 개어 발효시켜 죽을 만들거나 빵으로 구워 먹는다. 주로 중앙아프리카 및 서아프리카에서 소비되며 저장성과 조리 편의성이 높고, 풍부한 탄수화물 공급원으로 부드럽고 약간 신맛이 특징이다.

• 논호(Ngonho)

원료는 옥수수로, 옥수수를 빻아 가루로 만든 후, 물과 혼합하여 발효한다. 발효된 반죽을 덩어리(주먹밥) 형태로 만들어 삶거나 찐 후 섭취한다. 탄자니아, 동아프리카인 케냐, 우간다 지역에서 주로 소비되고 쫀득한 질감과 시큼한 맛이 특징이다. 우지(Uji)와 비슷한 발효방식이나 조리방식과 물의 비율에 차이가 있다.

• 통카(Tonka)

야자수 열매를 발효시켜 즙을 얻고, 이 즙을 재차 발효하여 만든 전통 알코올성 음료이다. 서아프리카와 중앙아프리카에서 주로 소비되며, 의례용 음료로, 조상제사나 환영식 등에 자주 사용된다. 발효시간이 길어질수록 알코올 농도가 증가하며, 상업적으로도 유통되고 있다.

• 아마시(Amasi)

남아프리카(특히 줄루족, 코사족)에서 전통적으로 소비되는 발효유로, 주원료는 우유이고 신선한 우유를 따뜻한 곳에 두어 자연 발효시킨다. 걸쭉한 요거트와

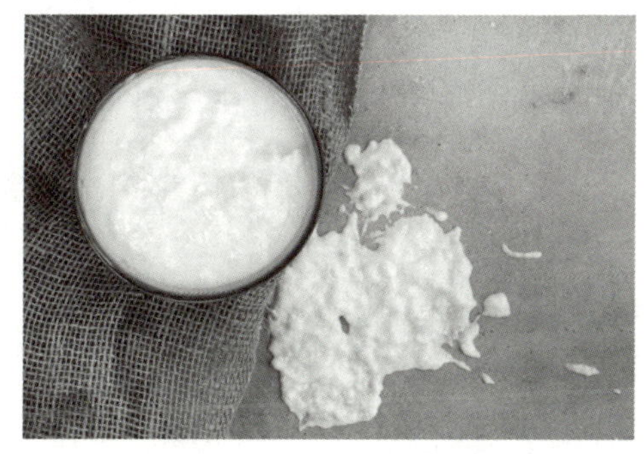

비슷한 형태가 되면 냉장 보관하면서 섭취한다. 단백질과 프로바이오틱스가 풍부하여 좋은 영양원이고 고소하고 신맛이 나는 크림 같은 질감을 갖는다.

- 부샤(Busha)

주원료는 옥수수, 기장이고 옥수수를 발효한 걸쭉한 액체 형태로 음료로 섭취한다. 서아프리카 일부 지역에서 대중적인 음료이며 여름철에 시원하게 마시는 건강발효음료로 인기가 높다.

- 팜 와인(Palm Wine)

야자수에서 채취한 수액을 자연발효 시켜 만드는 전통 주로, 수 시간 내에 발효가 시작되고 수일 내에 알코올 농도가 증가한다. 서아프리카, 중앙아프리카 등에서 널리 소비되며, 일상뿐 아니라 사회적 환대와 축제문화의 필수 음료이며 발효시간이 길수록 알코올 함량이 증가한다.

- 키바누(Kivanu)

바나나를 으깨고 수수와 혼합하여 발효시켜 만든 걸쭉한 전통 음료이다. 동아프리카(특히 콩고민주공화국 등)에서 소비되며, 시큼한 맛과 달콤한 향이 특징이며 단맛과 산미가 조화롭게 어우러지는 풍미가 있다. 에너지 공급원이면서 동시에 의례용 음료로도 활용된다.

- 그라니(Grani)

땅콩을 갈아 반죽을 만들고 발효시켜 빵으로 굽거나 죽 형태로 조리한다.

서아프리카 일부 지역에서 소비되며, 단백질 및 지질 함량이 높아 고열량 식품으로 이용된다. 상대적으로 저장성이 낮으나, 향과 고소한 맛으로 식사 보완용으로 사용된다.

4) 남아메리카의 전통 발효식품(Eugenia, M. et al., 2022)

남아메리카에는 다양한 전통 방식의 발효식품이 있고, 지역과 민족에 따라 독특한 방식으로 생산된다. 사용되는 원료는 감자, 고구마, 카사바(마니옥), 옥수수, 쌀, 우유(소, 양, 염소), 고기(소, 염소, 양, 라마, 과나코) 등 매우 다양하다. 이 중 일부 발효식품은 특정 지역의 전통음식으로, 원주민 문화의 일부를 이루고 있다. 예를 들어, 토코시(Tocosh), 마사 아그리아(Masa agria), 푸바 가루(Puba flour), 차르키(Charqui), 치차(Chicha), 참푸(Champu), 카우임(Cauim) 등으로 이러한 식품들은 남미 고유의 토착 발효식품(Indigenous foods)이다. 반면에, 치즈나 드라이 소시지와 같은 일부 발효식품은 주로 유럽 이민자들에 의해 남아메리카에 도입된 것이다.

남아메리카에서 생산되는 전통 발효식품 중 대표적인 것들은 자연발효과정과 지역별 전통방식에 따라 독특한 맛과 특성을 가지고 있다. 남아메리카의 대표적인 전통 발효식품들은 자연발효와 지역 특유의 기술을 통해 독특한 맛과 향을 지니며, 보존성 향상과 영양소 이용성 증진에 기여한다.

남미의 대표적인 전통 발효식품은 다음과 같다.

- 카사베(Casabe)

카사베는 베네수엘라, 콜롬비아, 브라질, 가이아나, 수리남 등에서 소비되는 발효 빵으로, 카사바(유카) 뿌리를 갈아서 발효시킨 후 철판이나 화덕에서 구워 만든다. 제조 과정 중 발효는 독성제거(시안 배당체 분해)를 위한 중요한 단계로, 이후 수분을 제거하고 얇게 펴서

구워낸다. 단백질과 지방 함량은 낮고 주로 탄수화물 기반의 에너지원으로 이용되며, 저장성이 뛰어나 장기간 보관에 적합하다. 남미 원주민들의 주요 식사 대용으로 자리 잡고 있다.

- 초클로(Choclo) 기반 발효식품

초클로(Choclo)는 안데스 고지대에서 재배되는 알갱이가 큰 옥수수 품종으로, 이를 삶거나 불려서 자연 발효시켜 다양한 전통음식으로 활용한다. 발효 과정에서 젖산균과 효모의 작용에 의해 구성성분이 소화가 잘 되는 형태로 전환되며, 고산지역 주민의 중요한 탄수화물 공급원으로 이용된다.

- 마사토(Masato)

마사토는 아마존지역(페루, 콜롬비아, 브라질, 에콰도르 등)의 원주민 공동체에서 소비되는 전통 발효 음료로, 주로 카사바(유카)를 원료로 한다. 제조법은 삶은 유카를 으깬 후 물과 섞어 항아리 등에 담고, 자연환경에 존재하는 미생물(효모 및

젖산균)에 의해 1~3일간 발효시킨다. 일부 지역에서는 쌀이나 옥수수를 사용하기도 하며, 티액(입으로 씹기)을 이용해 효소를 첨가하는 토착 방식도 존재한다. 완성된 마사토는 걸쭉하거나 묽은 상태로 음용되며, 알코올 함량은 약 1~3% 정도이다. 냉장 보관 없이도 단기 저장이 가능하며, 식사 대용 또는 의례용으로 활용된다. 주요 소비층은 원주민 공동체이며, 손님 접대에 사용하기도 한다.

치차(Chicha)

치차는 남미 안데스지역(페루, 볼리비아, 콜롬비아, 에콰도르 등)에서 널리 소비되는 전통발효 음료로, 잉카제국 시대부터 의례와 일상 식생활에서 중요한 역할을 해왔다. 원료는 옥수수(노란색 또는 보라색)나 열대과일 등이 사용되며, 지역에 따라 다양한 종류가 있다. 대표적인 형태는 치차 데 마이스(Chicha de maíz)로, 전통적으로 발아시킨 옥수수를 이용해 당화를 유도한 후 자연발효시킨다. 제조 시 불린 옥수수를 체에 받쳐 물기를 제거하고, 젖은 천을 덮어 따뜻한 장소(약 20~25℃)에서 3~5일간 두어 발아시킨다. 이후 말려서 분쇄한 뒤 물과 함께 숙성시킨다. 발효는 주로 야생효모와 젖산균에 의해 이루어지며, 일정 기간 숙성 후 음료로 소비된다. 알코올 함량은 다양하며, 공동체 행사나 의례에서 흔히 제공된다.

테페체(Tepache)

멕시코와 일부 남미국가에서 소비되는 발효과일음료로 주로 파인애플 껍질과 설탕(판당, Panela)을 이용해 만든다. 자연 발생한 효모에 의해 짧은 시간

(1~3일) 동안 발효되며, 알코올 도수가 낮다(약 0.5~2%). 시나몬, 정향, 팔각 등 향신료를 추가하여 풍미를 높이기도 한다. 파인애플 껍질과 설탕(보통 판당, Panela)을 물에 넣고 실온에서 1~3일 동안 자연 발효시킨 후 여과하여 시원하게 마신다. 시나몬, 정향, 팔각 등 향신료를 첨가해 풍미를 강화하기도 한다.

- **톨로 톨로**(Tolo Tolo)

볼리비아의 전통발효음료로, 옥수수를 주재료로 한다. 치차와 비슷하지만, 더 걸쭉하고 단맛이 강하다. 종종 시나몬과 기타 향신료를 첨가하여 풍미를 좋게 하기도 한다. 옥수수를 삶아 으깨서 물과 혼합한 후 자연에 있는 미생물에 의해서 발효가 일어나고 1~2일 발효 후 섭취한다. 시나몬 등 향신료를 추가하기도 하며, 완성된 제품은 마시거나 숟가락으로 떠먹는 형태로 섭취한다.

- **핀차가도**(Pinchagado)

남미의 전통 발효식품 중 하나로 에콰도르(Ecuador) 일부 지역, 특히 안데스산맥 고지대에서 전통적으로 소비되어 온 발효곡물음료 또는 식사 대용의 발효식품이다. 다만 이 명칭은 지역에 따라 다소 다르게 불릴 수 있다. 주원료는 옥수수, 콩, 감자, 그리고 때때로 과일 및 허브를 이용하기도 한다. 고체,

액상 발효 혼합형이며 천연미생물(효모, 젖산균)이 관여한다. 음료나 죽(粥) 형태로 섭취한다. 소화가 잘 되고 고산지역에서의 에너지 보충용 식품으로 이용된다. 일부 지역에서는 소금이나 향신료를 가미하며, 살균하지 않기 때문에 유익한 생균이 풍부하다. 고산지역에서 소화가 잘 되는 에너지 보충 식품으로 활용된다. 혼합한 재료를 큰 항아리(종종 도자기 또는 나무로 된 용기)에 담고 덮개를 덮은 후 상온에서 발효, 보통 2~4일간 발효시키며, 이 과정에서 신맛과 복합적인 향이 생성되며 그대로 죽처럼 먹거나, 물을 더해 희석하여 마시기도 한다. 발효 중 생성되는 젖산균은 장내 유익균으로 작용하며, 효모는 약간의 알코올을 생성하여 저장성과 풍미를 높인다. 일반적으로 살균하지 않으므로 살아 있는 젖산균이 풍부하다.

5) 북아메리카 인디안의 전통 발효식품

미국 원주민들의 발효식품은 지역에 따라 매우 다양하였다. 아파치족은 옥수수로 만든 빵과 메스칼을 기반으로 한 발효주를 제조하였고, 체로키족은 발효시킨 열매를 섭취하였다. 치페와족과 크리족 같은 북부 집단은 동물의 피와 위 내용물을 발효하여 음식으로 활용하였으며, 북극 지역에서는 해마, 물개, 고래, 북극송어 등 다양한 해양 동물이 발효 소재로 사용되었다.

일부 발효 방식은 티스윈(Tiswin)과 같이 옥수수를 갈아 끓이는 과정을 포함하였으며, 다른 경우는 단순 저장이나 열·연기에 노출시키는 방법이 사용되었다. 예를 들어, 코아휠테칸족은 생선을 발효시켰고 치페와와 크리족은 동물 위 내용물을 이용하였다. 이러한 발효식품들은 주로 의례나 문화적 맥락에서 제한적으로 소비되었으며, 현대의 일상 식생활에서는 거의 사라지고 있다. 따라서 오늘날에는 특정 원주민 집단의 전통적 음식 문화로만 알려지고 있을 뿐, 실제로는 점차 사라져 가는 추세다.

- **발효 옥수수**(Sour Corn)(Hominy)(Kephart, H. 1913)

체로키(Cherokee), 애팔래치아 지역 부족이 만들어 먹었다. 옥수수를 석회처리(니스타말, Nixtamal) 후, 옥수수 잎이나 항아리에 담아 며칠 동안 자연 발효한다. 발효식품은 산미가 있는 옥수수 죽 혹은 곡물요리가 되어 소화가 잘 되고 저장성이 향상된다. 오늘날 "Sour Corn"으로 이어져 일부 지역 음식으로 전승되고 있다.

- **발효 연어**(Fienup-Riordan, A. 1983)

유픽(Yup'ik, 알래스카 원주민)이 만들어 먹는 식품으로 연어나 화이트피시의 머리를 항아리나 구덩이에 넣고 땅속에서 발효시킨다. 강렬한 냄새 때문에 영어로 stinkheads라고 불렸으나 원주민에게는 귀한 전통 식품이다. 오메가-3 등 영양 보존과 겨울철 단백질 공급원 역할을 한다.

- **발효 고기와 내장 요리**(Hearne, S. 1795)

크리(Cree), 치페와얀(Chipewyan) 등 평원 부족들이 만들어 먹는 발효식품으로 사슴·순록·버팔로의 위(stomach)에 혈액, 내장, 고기 조각을 넣고 따뜻한 연기 위에서 발효·숙성시킨다. 산뜻한 산미(acid taste)가 나는 전통 발효육 요리로 겨울철 단백질 공급 및 저장용 식품이다.

- **펨미컨**(Pemmican)**과 부분발효**(Ray, A. J. 1974)

크리(Cree), 오지브웨이(Ojibwe) 등 평원 부족식품으로 건조한 들소나 사슴 고기에 지방과 말린 베리를 섞어 저장식품으로 제조한다. 엄밀히 말해 '완전한 발효식'은 아니지만, 장기 보관 중 부분적 젖산 발효가 일어나 산미가 가미된다. 장기간 이동·사냥 시 주요 에너지원으로 이용한다.

- **발효 채소저장**(Parker, A. C. 1910)

북동부 부족인 이로쿼이, 모히간 등이 만들어 먹은 발효식품으로 옥수수·콩·스쿼시(Three Sisters 작물)를 혼합하여 저장할 때, 일부는 항아리에서 자연 발효가 일어난다. 겨울철에도 먹을 수 있도록 장기보존이 가능했으며, 소화가 잘 되는 특징이 있다.

6) 한국의 주요 전통 발효식품

한국은 긴 역사에 걸맞게 다양한 전통 발효식품이 발달하였고 주거지 근방에서 생산되는 원료를 이용하여 독창적인 고유 식품을 만들어 먹어왔고 발효식품도 자연 발생적으로 식단에 포함되었다. 기후·풍토에 적합한, 주식의 원료인 곡류 중 쌀이 일상식인 밥으로 이용되었으며 그 외에 보리 등 잡곡류도 주식 대체식으로 이용되었다. 이런 곡류 중심의 식단에서 맛을 돋우기 위해서 한식의 특징인 반찬이 필요하였으며, 이들 반찬의 중심에 발효식품이 자리 잡았다. 특히 자연환경에서 쉽게 생산이 가능한 두류와 배추 등 다양한 채소류, 그리고 어류가 손쉽게 발효 원료로 이용되었으며 곡류나 과실을 이용한 술에서 유래한 식초가 등장하게 되었다.

한국의 대표 전통 발효식품은 장류(간장, 된장, 고추장, 청국장), 김치류, 젓갈류, 그리고 식초가 4대 전통 발효식품으로 정착하였으며 이들에 대하여 총론적으로 거론하고자 한다.

(1) 장류(신동화, 2025)

장류의 원료인 콩의 발상지가 만주와 한반도라는 것이 세계적으로 인정되고 있으며, 한국인의 조상인 동이족이 유사 이래 최초로 콩을 식용(食用)한 민족이다. 콩은 그 자체로 삶아서 식용하는 경우도 있으나 소화율이 떨어지고 독특한 맛도 없어 기원전부터 콩을 발효하여 다양한 발효식품을 창조해냈다. 특히 콩을 삶은 후 자연에서 공기 중이나 원료에 함께 있는 미생물에 의하여 발효가 일어났고, 발효 과정에서 콩의 주성분, 즉 단백질과 유지 등이 분해되어 여러 아미노산이나 펩타이드 등으로 분해되고 유지에서 지방산이 생성된다. 이들 성분은 감칠맛과 고유한 풍미를 내는 원천물질이며 장류의 독창성을 내는 맛의 주 원인물질이다. 메주형태로 1차 발효 후 만들어진 발효산물을 염액(약 20%)에 침지하여 미생물 작용으로 만들어진 수용성물질을 침출시키는 지혜를 발휘하였다.

장류의 특징은 원료인 콩의 비수용성 물실인 단백질과 유지를 관여하는 미생물이 생성하는 효소에 의해서 수용성물질로 전환하고 이들 물질을 염액에서 침출시키는 과정이다. 특히 침출 과정에서 변질을 막기 위하여 고농도 식염을 사용하였고, 식염은 변질방지와 함께 음식에 짠맛을 부여하는 2차적 기능도 하고 있다. 특히 장류 제조에는 천일염을 사용하여 식염(NaCl)과 함께 함유된 무기질(Ca, Mg, K) 등 인체에 필요한 주요 무기물을 공급하는 중요한 역할도 담당하고 있다.

• 간장

간장은 전통적으로 메주를 만들어 1차 발효 과정을 거친다. 1차 발효 대상인 메주는 삶은 콩을 덩어리로 만들어 조건에 맞는 미생물이 증식하도록 유도하고 장시간 발효하면서 증식한 미생물이

만들어낸 다양한 효소가 콩의 단백질을 분해하는 작용을 하게 된다. 메주는 미생물 증식과 함께 콩 단백질이나 유지성분을 분해 시킬 수 있는 효소를 만드는 과정이다. 메주발효과정 중 만들어진 효소는 그 이후 메주를 염수(약 20%)에 넣어 침지, 발효, 숙성하는 과정에서 메주 중 콩 단백질과 유지 성분이 수용성 아미노산이나 펩타이드로 분해과정을 거친다. 메주를 염수에 침지하여 3~4개월 실온에서 발효, 숙성시키면서 단백질의 분해는 물론 새롭게

생성되는 물질들이 서로 반응하여 독특한 풍미를 만들어낸다. 아울러 갈색 색소 물질도 생성하여 간장의 고유한 색채를 발현하게 된다. 고농도의 염에 의해서 보존성이 유지되며 장기간 저장에 의해서 깊은 맛과 향이 형성된다.

일정기간 침지한 메주는 분리하여 전통 된장 원료로 사용한다. 간장은 수 년 혹은 수십 년 숙성한 제품이 고급 제품으로 상품화되기도 한다. 전통 간장과는 다르게 기업적으로 만드는 간장은 증자한 밀가루에 선발된 곰팡이를 접종, 코지를 만들고 이 코지를 삶은 콩과 함께 염수에 침지, 발효, 숙성하여 단시간 내에 간장을 만든다. 이때 전통과는 다르게 된장은 만들어지지 않는다.

● 된장

전통 된장은 간장과 동시에 만들어진다. 우선 염수에 담긴 메주가 발효, 숙성 과정을 거쳐 메주에서 분해된 아미노산과 펩타이드 등이 염수에 우러나고 한동안 지나서 덩어리로 남은 메주와 액즙을 분리하면 액즙은 간장이 되고 고체로 남은 메주는 된장 제조의 모체가 된다. 보통 이 메주덩이를 으깨고 여기에 별도로 메주가루를 추가하거나 밥 등 탄수화물 소재를 더 넣어 단단히 퇴적한 후 발효 과정을 거친다. 이때 용기는 전통 옹기를 사용한다. 보통 3~4개월 후면 먹을 수 있으나 수개월, 수년을 숙성시키기도 한다.

개량식 된장은 메주를 쓰는 대신 별도로 소맥분 또는 밀쌀을 배지로 하여 선발된 미생물(주로 황국균)을 접종, 발효하여 코지를 만들고 이 코지를 삶은 콩과 소금, 물을 혼합하여 숙성탱크에서 발효시킨다. 이때 염분은 12~13%, 수분은 50~52%로 조절하고 발효, 숙성시킨다. 보통 30~35°C에서 발효, 숙성시키며 숙성 완료된 제품은 마쇄한 다음 살균공정을 거쳐 제품이 된다. 또는 삶은 콩을 약간 건조한 후 선발된 균(황국균)을 접종, 발효하는 방법도 있다.

• 고추장

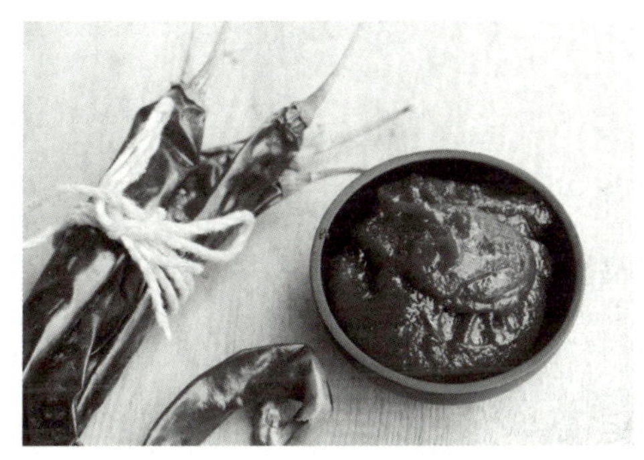

고추장은 장류 중 독특하게 고추를 주원료의 하나로 사용한 발효향신조미료이다. 또한 감미 원으로 쌀 등 곡류를 맥아로 당화하면 최종 제품에 매운맛과 함께 단맛을 주어 조화를 이룬다. 다른 나라에 유례가 드문 한국의 독특한 향신 장류 제품이다. 전통 고추장의 주원료는 콩, 고춧가루, 곡류(찹쌀 등)이며 다른 장류와 다르게 간장, 된장 제조용 메주와는 다른 고추장용으로 차별화된 메주를 별도로 만들어 쓴다. 고추장 메주는 콩과 멥쌀을 6 : 4 비율로 혼합하여 만들고 도넛형으로 성형, 띄우며 전분질이 들어있어 전분질 분해균이 선택적으로 증식된다. 특징적으로 전분질 원료(보통 찹쌀)를 마쇄, 증자한 후 엿기름으로 당화시킨 후 이 당화액에 메주가루, 고춧가루, 간장, 소금을 첨가하여 발효, 숙성과정을 거친다. 보통 고춧가루 첨가량은 약 20%로 고추장용 메주와 함께 주원료이다. 전통 고추장은 보통 6개월 혹은 몇 년씩 발효, 숙성한다.

개량식 고추장은 전분질 원료로 소맥분이나 밀쌀을 이용하고 증자한 소맥분에 종균을 접종, 코지를 만든 다음 열처리한 전분질 원료와 대두 등에 코지를 혼합하여 탱크에서 발효시킨다. 보통 33±3℃에서 일주일 이상 발효 후 숙성공정을 거쳐 완제품으로 출하한다. 전통과 개량식은 메주와 코지를 사용하는 차이이며 고춧가루 사용량과 숙성기간의 차이가 있다.

● 청국장

장류 중 청국장은 비교적 간단하게 만든다. 충분히 물에 불린 콩을 삶은 후 40~43°C 내외로 냉각 후 자연 상태에서 발효한다. 보통 2일 내외 소요된다. 다른 장류와 다르게 발효 관여 균이 곰팡이가 아닌 고초균(Bacillus)으로 고온에서 발효하는 특성이 있다. 전통적으로 볏짚을 넣어 균을 접종시키나 지금은 우수 균주를 접종하여 발효를 관리한다. 특징적인 냄새가 있으며 점성 물질이 많이 생긴다. 일본의 낫토와 비슷하나 관여하는 균이 다르다.

(2) 김치(최홍식, 2004)

김치는 여러 채소류를 염절임한 후 양념을 버무려 발효한 식품의 총칭으로 보통 배추김치로 대표된다. 김치는 주로 젖산 발효가 일어나며, 세계적으로 젖산 발효한 채소류 식품은 다양하다. 젖산균이 관여하는 김치의 발효는 비교적 단순한 채소 보존 방식 중 하나이다. 고대 중국에서는 소금을, 메소포타미아에서는 식초를 이용해 절임을 했으며, 절임 과정에서 소금과 생성된 젖산이 상호작용하여 식품의 보존성을 높인다.

● 김치의 역사

김치의 역사는 채소류와 함께 소금이 일상 식생활에 이용되면서 자연스럽게 절임 식품으로 자리 잡았을 것이다. 김치류는 대부분 단순절임의 과정이 아니라 한국의 독창적인 절임채소류로, 특징적으로 고춧가루와 함께 향신료인 각종 양념, 즉 마늘, 양파, 생강 등과 함께 조미원으로 젓갈이 광범위하게 사용된다. 상고시대 이전부터 채소를 절여 먹는 식품이 존재했을 것으로 추정되지만, 오늘날과 같은 고춧가루를 사용한 김치는 고추의 도입 시기와 밀접한 관련이 있다. 일반적으로 고추는 조선 후기 무렵에 전래된 것으로 알려져 있으며, 현재의 형태와 맛을 가진 김치는 이 시기 이후에 정착된 것으로 보인다. 다만, 고추가 그보다 훨씬 이전에 이미 전래되었다고 주장하는 학자들도 있어, 이에 대한 논의는 여전히 이어지고 있다.

• 김치의 종류

김치류는 배추, 무 등 여러 채소류가 주원료가 될 수 있으며 다양한 향신료가 부재료로 이용되면서 제품의 차별화가 가능하다. 조미료는 소금을 위시하여 젓갈이 공통적으로 사용되고 그 외 참깨, 설탕, 물엿 등이 사용된다. 다른 소재로는 당근, 미나리, 사과, 배, 어류와 함께 밥류 등 전분질도 부재료로 사용된다. 명품김치로 알려진 제품은 30여 가지 원재료와 부재료가 사용된다고 한다.

김치의 종류는 주재료를 절인 후 향신료 등 부재료를 비벼 넣고 발효한 일반김치와 물김치류로 향신료 첨가량이 적고 김치의 고형물과 함께 김치 국물을 함께 먹는다. 발효된 김치는 단순 젖산발효 제품이 아니라 고추 등 향신조미료와 함께 감칠맛을 내는 젓갈 등을 사용, 복발효를 유도, 오묘한 맛을 창조하는 차별화된 채소 발효식품이다.

김치의 종류는 사용하는 원재료나 다양한 부재료에 의해서 특성과 맛이 다른 김치가 탄생하며 제조시기에 따라서도 특징이 다른 김치가 만들어진다.

● 김치 발효 관여 미생물

김치는 채소류를 소금에 절여 담근 후 다양한 미생물이 관여하는 복합 발효 과정을 거쳐 완성된다. 이 과정에서 발효 초기, 중기, 말기에 우점하는 미생물 군집이 달라지며, 사용되는 원부재료의 종류와 배합에 따라서도 발효 양상이 크게 달라진다. 김치는 대표적인 혼합 발효식품으로, 발효에 관여하는 미생물은 주로 젖산균과 효모, 그리고 일부 호기성균으로 구분된다.

초기 발효 단계에서는 *Leuconostoc mesenteroides*와 같은 통성혐기성 젖산균이 급격히 증식하여 발효를 주도한다. 이들은 비교적 낮은 산에 민감하지만, 빠른 증식력과 다양한 대사산물 생성 능력을 가지고 있어, 발효 초기에 김치 특유의 상쾌하고 시원한 풍미를 형성한다. 특히 Leuconostoc은 젖산뿐만 아니라 탄산가스(CO_2)와 방향성 물질을 함께 생산하여 김치의 독특한 맛을 부여한다.

발효가 진행됨에 따라 산도가 점차 높아지면서, 초기 균주는 점차 감소하고 *Lactiplantibacillus plantarum*과 *L. brevis*와 같은 산내성 젖산균이 우점하게 된다. 이들 균주는 김치의 산미를 강화시키며, 발효 후반기 특유의 강한 신맛 형성에 중요한 역할을 한다.

한편, 호기성균은 발효 초기 원재료 표면에서 일시적으로 발견되지만, 발효 환경이 점차 혐기적으로 바뀌면서 대부분 소멸한다. 효모(예: Zygosaccharomyces, Saccharomyces, Torulopsis 등)는 주된 발효균은 아니지만,

김치 표면이나 장기 저장 과정에서 일부 성장하여 풍미 형성에 보조적으로 기여할 수 있다. 특히 산막 효모(film yeast)는 표면에 하얀 막을 형성하기도 하지만, 이는 저장성이나 관능적 품질에는 부정적인 영향을 줄 수 있다.

종합하면, 김치 발효는 미생물의 연속적인 천이(succession) 과정으로 이해된다. 초기에는 Leuconostoc이, 이어서 *Lactiplantibacillus*가 발효를 주도하며, 이외의 효모나 호기성균은 제한적이거나 보조적으로 관여한다. 이러한 다단계적 발효 과정이 김치의 독특한 풍미와 기능성을 만들어내는 핵심이다.

(3) 젓갈(김상무, 2021)

한국 4대 발효식품의 하나로, 특이하게 수산물을 주원료로 사용한다. 어패류를 비롯한 다양한 해산물을 소금에 절여 발효시켜 만든 식품으로, 젓갈은 기원전부터 조미료로 사용된 기록이 있으며 사용 원료에 따라 다양한 명칭으로 불린다. 전통적으로는 가정에서 소규모로 담가 자가 소비하였으나, 조선 말기 이후로는 상업적 판매를 위해 상품화되기 시작하였다.

젓갈의 유형은 크게 몇 가지로 나눌 수 있다. 첫째, 어패류 전체 또는 일부를 가염·발효시킨 기본 형태의 젓갈, 둘째, 여기에 고춧가루나 각종 향신료·조미료를 첨가하여 양념한 양념젓갈, 셋째, 어체를 완전히 발효시켜 생성된 액을 여과·분리한 액젓이 있다. 또한 액젓에 향신료나 조미료를 첨가하여 기호성을 높인 조미 액젓도 있다. 소금만을 사용하여 발효하기도 하지만, 경우에 따라 간장이나 고춧가루를 혼합하거나, 메주가루를 넣어 발효하는 지역 특산 젓갈도 있다.

젓갈의 발효에는 주로 호염성 미생물이 관여한다. 주요 균속으로는 Micrococcus(10~20%), Brevibacterium(10~20%), Sarcina(0~30%), Leuconostoc(10~30%), Bacillus(약 30%), Pseudomonas(0~10%), Flavobacterium(0~10%) 등이 보고된다. 또한 *Bacillus subtilis*, *Pediococcus halophilus*(현명: *Tetragenococcus halophilus*), *Sarcina litroralis* 등이 검출되며, 효모도 함께 발견된다. Tetragenococcus는 젓갈의 맛이 우수할 때 높은 빈도로 검출되며, 반대로 일부 효모는 과산화 생성물로 인해 품질이 저하 시 상대적으로 많이 검출된다. 한편, 식해는 가자미 등 어류에 조·쌀 등 전분질 곡류를 섞어 발효시킨 젓갈류의 한 형태로 볼 수 있다.

(4) 식초(서일권, 원영선, 2021)

식초는 인간이 이용한 가장 오래된 발효 조미료 중 하나이다. 전분질 원료는 효소(아밀레이스)에 의해 당화된 후 효모에 의한 알코올 발효가 일어나며, 이후 이를 공기 중에 노출시키면 초산 발효가 진행된다. 당분을 많이 함유한 과실류는 당화 과정 없이도 곧바로 알코올 발효가 일어나며, 이어서 초산 발효가 이루어진다. 세계 각국에서는 자국에서 얻을 수 있는 원료를 활용하여 독특한 식초를 발효·제조해 왔으며, 특히 세계적으로 명성이 높은 발사믹 식초는 이탈리아의 특산품으로서 오랜 역사와 함께 명품 조미료로 사랑받고 있다.

식초는 신맛을 주는 대표적인 조미료이지만, 고대 기록에 따르면 치료 목적으로도 널리 사용되었다. 『동의보감』에서는 식초가 성질이 따뜻하고 독이 없으며, 음식의 독을 제거하고 해독 작용을 하며, 어지럼증·단백뇨·빈혈·

통증 완화에 효과가 있다고 기록되어 있다. 서양에서는 라틴어 Vinum(와인)과 프랑스어 Aigre(신맛)가 합쳐져 vinegar라는 이름이 생겼으며, 동양에서는 '고주(古酒)'라고 불리기도 하였다. '식초'의 '초(醋/酢)'는 이미 중국의 고문헌에 나타나 있으며, 술의 출현과 더불어 사용되었다.

근래 들어 식초는 단순한 조미료를 넘어 희석하여 음료로 섭취하는 건강기능성 음료로도 널리 이용되고 있다. 현재 시판되는 식초는 크게 합성식초와 발효식초로 나뉜다. 합성식초는 화학적으로 합성한 초산을 물에 희석한 것이며, 발효식초는 주정이나 발효된 주류를 원료로 하여 초산균을 접종해 발효시킨 것이다.

식초발효에 관여하는 주요 미생물은 *Acetobacter aceti*, *A. pasteurianus*, *A. rancens*, *A. vini* 등이다. 산업 현장에서는 기업마다 독자적으로 우수 균주를 선발하여 사용한다. 대량생산 시에는 강제 통기식 발효조인 아세테이터(Acetator)를 이용하여 발효 효율을 높인다.

2장

발효기술과 발효식품의 특징

미생물은 자체 유전체에 의해 생명현상이 유지되며, 그 기능에 따라 다양한 생리적·화학적 현상이 일어난다. 이러한 미생물은 작은 생물 공장이라 할 수 있으며, 어떤 주어진 환경에도 적응하는 뛰어난 능력을 가지고 있다. 과거의 변화무쌍했던 지구 환경 변화에 적응한 생존 본능은 현재도 계속 발휘되고 있으며, 우리가 이를 적절히 관리할 수 있는 지혜를 갖춘다면 다양한 용도로 활용하여 인간의 생활을 더욱 풍요롭고 윤택하게 만들 수 있다.

발효 과학기술의 활용 영역

미생물의 고유기능인 발효 과학기술을 활용하면 인간의 생활과 건강에 유익한 여러 기능을 이용하고 다양한 산물을 생산할 수 있다. 이 분야는 크게 두 가지로 나눌 수 있다. 하나는 미생물의 기능을 직접 활용하는 영역이고, 다른 하나는 미생물의 작용으로 만들어지는 대사산물을 인간 생활에 유익하게 이용하는 분야이다. 또한, 이러한 기술은 생명체의 기능을 이해하는 데 있어서도 중요한 매개체로 활용된다.

미생물의 기능을 활용하고 이용하는 분야를 요약·정리하면 〈그림 2-1>과 같다.

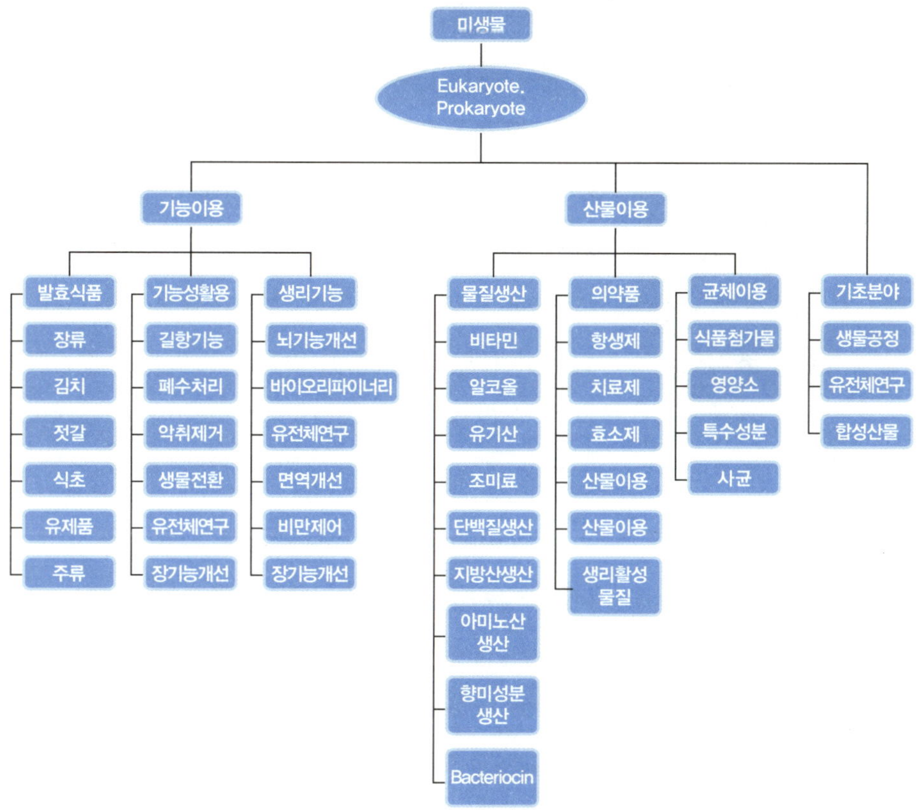

그림 2-1 미생물 발효기능을 활용할 수 있는 영역

〈그림 2-1>에서 보면, 미생물의 기능을 활용하여 발효식품을 포함한 광범위한 영역에서 인간의 생활에 필요한 산물을 생산하거나 미생물의 고유기능을 이용하여 인체 생리기능, 질병예방, 면역기능을 개선에 활용할 수 있다. 특히 미생물은 증식 조건이나 공급하는 기초소재에 따라 산물과 기능이 달라지고 생산되는 산물의 특징을 바꿀 수 있는 가변성의 폭이 매우 넓다. 또한 산물의 생산기간이 짧고 대부분 탱크나 밀폐 용기에서 대량생산

가능한 장점을 갖고 있다. 또 다른 장점은 환경친화적인 공정 관리가 가능하다는 점이다.

발효식품의 특징과 장점

근래 세계적으로 발효식품에 대한 긍정적인 인식변화가 광범위하게 일어나고 있으며 특히 발효에 관여하는 미생물이 인체 내에서 여러 유익한 역할, 즉 면역기능 향상, 장 기능 개선, 비타민 등 특수 영양 성분의 합성 등에 관여한다는 것이 과학적으로 확인되고 있다. 인체에 존재하는 미생물군인 Microbiome 중 장내 유익균인 Probiotics는 폭넓은 인체 내 긍정적 기능으로 인해 관련 연구가 활발히 진행되면서 관심이 고조되고 있다. 세계적으로 발효식품 소비가 많은 국가 거주민의 평균수명이 높고 더 건강하다는 보고들이 계속 발표되고 있다.

인간이 지구상에 출현한 이후 자연발생적으로 만들어진 발효식품을 먹어온 이래, 발효식품은 최초의 장기 저장식품인 건조품에 이어서 발효한 제품이 오래 갈무리할 수 있다는 것을 알게 되었다. 아울러 장기발효에 의해서 독창적인 향과 맛이 형성되는 것도 확인되고, 발효식품별로 발효에 의해서 다양한 기능성이 밝혀지고 있으며, 기능의 원인은 발효식품 자체와 함께 발효에 관여하는 미생물의 역할이라 밝히고 있다(Tamang, 2015).

앞으로 발효식품의 활용 기술은 식품으로 한정되지 않고 더 넓은 발효산업으로 확장하는데 또 다른 특별한 역할을 할 것으로 기대된다.

발효식품 관여 미생물과 역할

발효식품의 근간은 다양한 식재료와 함께 발효에 관여하는 미생물이다. 발효식품은 원료와 미생물에 의해서 품질, 맛 향기가 달라지며 여러 종류의 발효식품이 출현하는 이유다. 또한 발효 여건에 따라 품질도 크게 차이가 난다. 발효식품의 원천인 미생물을 크게 분류하면 다양한 속, 종의 세균, 곰팡이, 효모 들이다. 이들 중에서도 특히 세균 중 젖산을 생산하는 젖산균이 가장 많이 출현하고 있으며 다양한 기능성을 보이고 있다.

여러 발효식품에 관여하는 미생물 속을 큰 분류로 나눠 보면 〈표 2-1〉과 같다(Tamang, 2015).

표 2-1. 발효 관여 미생물의 속 분류

구분	관여 속(Genus)
Bacteria	Acetobacter, Arthrobacter, Bacillus, Bifidobacterium, Brachybacterium, Brevibacterium, Carnobacterium, Corynebacterium, Enterobacter, Enterococcus, Gluconacetobacter, Hafnia, Leuconostoc, Macrococcus, Microbacterium, Micrococcus, Deinococcus, Pediococcus, Cutibacterium, Staphylococcus, Streptococcus, Streptomyces, Tetragenococcus, Weissella, Zymomonas
Fungi	Actinomucor, Aspergillus, Fusarium, Lecanicillium, Mucor, Neurospora, Penicillium, Rhizopus, Scopulariopsis, Sporendonema
Yeast	Candida, Cyberlindnera, Cystofilobasidium, Debaryomyces, Dekkera, Hanseniaspora, Kazachstania, Galactomyces, Geotrichum, Guehomyces, Kluyveromyces, Lachancea, Metschnikowia, Pichia, Saccharomyces, Schizosaccharomyces, Schwanniomyces, Starmerella, Torulaspora, Trigonopsis, Wickerhamomyces, Yarrowia, Zygosaccharomyces, Zygotorulaspora

〈표 2-1〉과 같이 발효에는 세균, 곰팡이, 효모 등 광범위한 속의 미생물이 발효에 관여하고 있으며 이들 내에 다시 종(species), 다음 stain이 있어 분류상 유전적 특성이 다른 미생물들이 발효의 주역이 된다.

발효식품은 미생물의 작용을 통해 다양한 대사산물을 생성하는데, 그중에서도 가장 보편적이면서 특징적인 것은 여러 종류의 유기산이 생성된다는 점이다. 일부 젓갈류나 육류 발효식품의 경우에는 발효 과정에서 암모니아나 아민 등 알칼리성 물질이 형성되어 최종 제품이 염기성을 띠기도 한다. 그러나 채소류, 우유, 과실류 등을 원료로 하는 대부분의 발효식품에서는 다양한 유기산이 생성되어 결과적으로 산성 식품의 성질을 보인다. 이때 생성되는 유기산의 종류와 양은 사용된 원료, 관여하는 미생물의 종류, 그리고 제품이 특성에 따라 다양하게 달라진다.

관여하는 미생물에 따라 특징적으로 생성되는 유기산과 발효식품에 미치는 효과를 구분해 보면 〈표 2-2〉와 같다.

표 2-2. 균종에 따라 생성되는 유기산과 기능

균종	유기산	효과
Lactic acid bacteria	Lactic acid, Acetic acid, Propionic acid, Phenyllactic acid, Formic acid, Succinic acid 등	• 유해세균 증식 억제 • 저장기간 연장 • 식미 개선
Staphylococcus	Lactic acid, Acetic acid, Tartaric acid 등	• 육류제품의 풍미 개선
Acetic acid bacteria	Acetic acid, Gluconic acid, Galactonic acid	• 맛 개선 • 풍미 증진
Bacillus	휘발성 지방산, 초산, Propionic acid, Butyric acid	• 일부 불쾌취 형성, 특이취 형성
Yeast	특징적인 유기산	• 포도주 생산에 관여 • 저장성 개선
Mold	Citric acid, Succinic acid	• 발효취 생성 • 풍미 개선

〈표 2-2〉에서 보면 관여하는 미생물에 따라 생산하는 유기산이 다르고 이들 유기산의 기능이 달라지며, 최종산물의 풍미에 큰 영향을 준다. 발효식품의 저장성 향상은 주로 생성되는 유기산에 기인하며 방향물질은 대부분 처리, 숙성 중 생성된다. 이런 과정을 거치면서 기능과 관능에서 차별화가 가능하며 생성된 유기산은 식품 내에서 다른 물질과 반응하여 에스터(ester)

형태의 저분자로 새로운 풍미 물질을 만든다. 생성된 유기산은 발효식품을 산성식품으로 만들며 저장을 위한 저온살균이 가능하게 하는 주역이다. 특히 산성화에 따라 식중독 미생물의 증식을 억제하는 데 중요한 역할을 한다.

1) 세균들(Bacteria)

발효식품에 관여하는 미생물 중 가장 광범위하게 분포되어 있는 세균은 젖산균(Lactic acid bacteria, LAB)이다. 이들은 증식 속도가 빠르고 다양한 생활환경에 잘 적응하여, 발효식품 전반에 폭넓게 존재한다. 젖산균은 발효 과정에서 가장 높은 빈도로 검출되며, 자신이 생성하는 유기산인 젖산을 통해 주변의 다른 미생물 증식을 억제함으로써 발효 식품의 안정성을 높이는 주된 역할을 한다.

젖산균 외에도 Bacillus, Micrococcaceae, Bifidobacterium, Brachybacterium, Brevibacterium, Propionibacterium 등의 세균이 발효식품에서 검출된다. 이들 세균은 단일 종으로 출현하기보다 복합적으로 공존하며, 발효 단계에 따라 우점 균종이 변화하는 것이 일반적이다. 예를 들어 김치 발효의 경우, 초기에는 *Leuconostoc mesenteroides*가 발효를 주도하며 탄산가스를 생성하고, 중기에는 *Lactoplantibacillus plantarum*, Weissella 등 주요 젖산균이 우세해진다. 이후 발효가 진행된 후기에는 Bacillus 속 세균과 산막효모가 출현하여 조직의 연화가 일어나며, 전체 발효 미생물 군집의 변화가 나타난다.

(1) 젖산균(Lactic acid bacteria)

발효식품에서 가장 빈번히 출현하는 세균으로, 그람양성, Catalase 음성 미생물군에 속하며, 주 생성 산물은 젖산이다. 이들은 Firmicutes 문(Phylum)의 Lactobacillales 목(Order)에 속한다(Stiles & Holzapfel, 1997). 주요 속에는 Alkalibacterium, Carnobacterium, Enterococcus, Lactococcus, Lactobacillus, Leuconostoc, Ruminococcus, Streptococcus, Tetragenococcus, Vagococcus, Weissella 등이 포함된다(Carr et al., 2002; Salminen et al., 2004).

(2) 비 젖산균들(Non-lactic acid bacteria)

젖산균 이외의 세균들도 발효식품에 널리 관여한다. 대표적으로 Bacillus 속은 젖산을 주 대사산물로 생성하지 않고, 단백질·펩타이드 분해산물을 이용하여 알칼리성 발효를 일으킨다. 이들은 젓갈류, 장류 등 알칼리성 발효식품에서 특히 중요하며, 아시아와 아프리카 전통 발효식품에서 자주 발견된다(Parikouda et al., 2009).

Bacillus 속에는 *B. amyloliquefaciens*, *B. circulans*, *B. coagulans*, *B. firmus*, *B. licheniformis*, *B. megaterium*, *B. pumilus*, *B. subtilis*, *B. natto*, *B. thuringiensis* 등이 보고되어 있으며(Kiers et al., 2002; Kubo et al., 2011), 일부 균주는 발효 과정에서 점질성 다당류를 생성하여 독특한 질감을 부여한다(청국장, 나토 등).

Bacillus 외에도 Staphylococcus, Micrococcus, Corynebacterium 등이 여러 발효 환경에서 검출되며, Bifidobacterium, Brevibacterium, Brachybacterium, Propionibacterium 속 미생물은 주로 우유 기반 발효식품에서

발견된다(Tamang, 2010). 즉, 비 젖산균들의 구성은 원료 특성과 지역적 환경에 따라 다양하며, 발효 특성에도 큰 차이를 보인다.

2) 효모들(Yeast)

효모는 세균 다음으로 발효식품에 자주 나타나는 중요한 미생물 군으로, 당을 알코올과 이산화탄소로 전환하고 다양한 2차 대사산물을 생산한다(Aidoo et al., 2006; Romano et al., 2006). 이 과정에서 효모는 에탄올, 글리세롤, 에스터, 고급 알코올류, 카보닐 화합물 등 향미 형성에 기여하는 물질을 합성한다. 또한 여러 효소를 분비하여 발효 기질의 생화학적 변화를 유도하고, 새로운 기능성 물질을 생성하기도 한다.

발효식품에서 보고되는 주요 효모 속은 Brettanomyces, Candida, Cryptococcus, Debaryomyces, Dekkera, Galactomyces, Geotrichum, Hanseniaspora, Hyphopichia, Issatchenkia, Kazachstania, Kluyveromyces, Metschnikowia, Pichia(과거 Hansenula), Rhodotorula, Rhodosporidium, Saccharomyces, Saccharomycodes, Saccharomycopsis, Sporobolomyces, Torulaspora, Trichosporon, Yarrowia, Zygosaccharomyces 등이다(Watanabe et al., 2011).

이들 효모는 고유한 대사 특성과 생리적 기능을 통해 발효식품의 품질, 풍미, 저장성 향상에 중요한 역할을 한다.

3) 곰팡이들(Fungi)

곰팡이는 균사를 생성하며 균사 끝에서 형성되는 포자낭(sporangium)이나 분생자경(conidiophore)과 같은 구조에서 포자를 만든다. 곰팡이는 한국 전통 장류의 원료인 메주에서 중요한 역할을 하며, 단백질 분해효소와 전분 분해효소를 분비하여 콩 단백질과 전분 및 지질의 분해에 관여한다.

인도네시아의 템페(tempe)는 *Rhizopus oligosporus*를 이용한 대표적인 곰팡이 발효식품이며, 이 외에도 치즈·살라미·주류 등 세계 여러 발효식품에서 곰팡이는 독특한 향미와 질감을 부여한다.

발효식품에서 주요하게 보고되는 곰팡이 속(Genus)에는 Actinomucor, Amylomyces, Aspergillus, Monascus, Mucor, Neurospora, Penicillium, Rhizopus, Ustilago 등이 있다(Nout & Aidoo, 2002). 이들 곰팡이는 발효 기질을 분해하여 영양적 가치를 높이고, 향미와 기능성을 증진시키는 다양한 대사산물을 생성한다.

그러나 일부 곰팡이는 유해 독소를 생성하여 건강에 위해를 끼칠 수 있다. 예를 들어, *Aspergillus flavus*와 *A. parasiticus*는 강력한 간 발암물질인 아플라톡신(Aflatoxins B_1, B_2, G_1, G_2)을 생성하며, *A. ochraceus*는 신장독성과 발암성을 가진 오크라톡신 A(Ochratoxin A)를 생산한다. 또한 *Penicillium verrucosum*과 *P. nordicum* 역시 Ochratoxin A를 생성하여 만성 신장질환을 유발할 수 있다(Bhat et al., 1991).

따라서 곰팡이를 활용한 발효식품의 생산 과정에서는 독소 생성이 보고되지 않은 GRAS 균주(예: *Aspergillus oryzae*, *Rhizopus oligosporus* 등)를 사용하여 발효를 관리하고, 원료 단계부터 철저한 위생 관리를 수행해야

한다. 이를 통해 유해 곰팡이의 증식을 억제하고, 발효식품의 안전성과 우수 품질의 제품을 생산할 수 있다.

3장

Microbiome과 건강

Microbiome의 일반 개념

Microbiome은 미생물 군집(Microbiota)과 유전체(Genome)의 합성어로, 인체 내외에 공생하는 모든 미생물 군집 또는 이들의 유전정보 전체를 의미한다(김세미 외, 2023).

지금까지 알려진 연구 결과는 인체에는 약 10~100조 개체의 세균, 곰팡이, 원생동물 등 미생물이 공존하고 이들 미생물의 70~95%는 장을 포함한 소화관에 밀집되어 있으며 그 외 인체 여러 부위에도 존재하여 이들의 구성은 체중의 1~3%를 점한다고 한다. 지금까지 알려진 연구 결과는 인체와 공존하는 Microbiome이 정상이 아닌 상태가 되면 면역 반응 이상, 대사 장애 등과 함께 여러 질병 발생과 상관관계가 있으며 심지어 뇌기능과도 연계된다는 연구결과들이 발표되고 있다(Hou, et al, 2022).

잘 알려진 데로 식이(食餌)는 인간건강에서 중요한 역할을 하며, 장내 미생물과의 복잡한 상호작용을 통해 대사과정에 관여하고 질병 위험을 조절한다고 알려져 있다. 식물유래 단백질은 일반적으로 유익한 장내 미생물군의 다양성과 기능성을 향상시켜 대사 건강을 촉진하나 동물 유래 단백질의 효과는 단백질 공급원, 가공 방법, 섭취 수준 등의 요인에 따라 건강 결과가 달라지며 다양한 생리적 반응을 초래한다(Ma.X, et el, 2025).

인체와 함께하는 Microbiome의 이상 상태에 따라 일어날 수 있는 인체 내 장애를 구분 해 보면 〈그림 3-1〉과 같다.

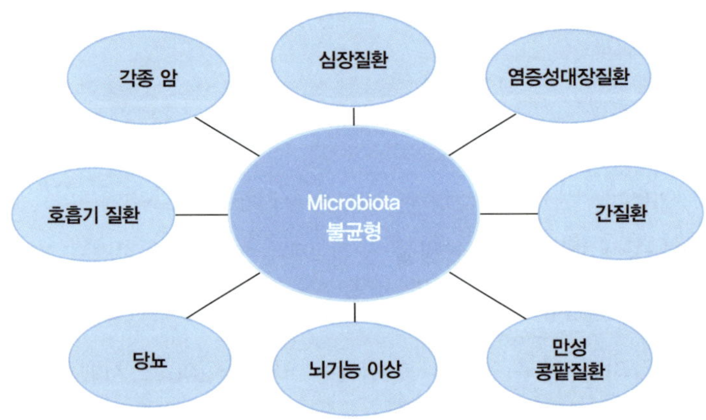

그림 3-1. 인체 Microbiome의 불균형에 따른 관련 이상 현상들

〈그림 3-1〉에서 보듯 장내 미생물 균 총의 이상 변화에 따라 다양한 질병이 유발될 수 있으며 이들 장애를 예방하고 건강을 유지하기 위해서는 장내 미생물 균 총을 정상적으로 유지하는 것이 바람직하다.

장내 Microbiome 중 제한적으로 장내에서 유익한 작용을 하는 미생물은 Probiotics로 구분하고 있으며 Probiotics가 증식하는 데 필요한 기질을 Prebiotics, 이들이 만들어 내는 산물을 Postbiotics로 구분하며 상호작용에 의한 인체 내 상승효과를 Synbiotics로 구분, 각각의 기능을 설명하고 있다. 이들의 기능은 모두 Probiotics에 의하며, 일정량을 섭취하였을 때 숙주의 장내 미생물 균 총의 균형을 유리한 방향으로 유지시켜 건강 증진에 긍정적인 효과를 가져온다(백현동 등, 2022).

장내 미생물이 인체 내에서 작용하는 기작에 따라 그 기능을 분류할 수 있으며 이를 정리하면 〈그림 3-2〉와 같다.

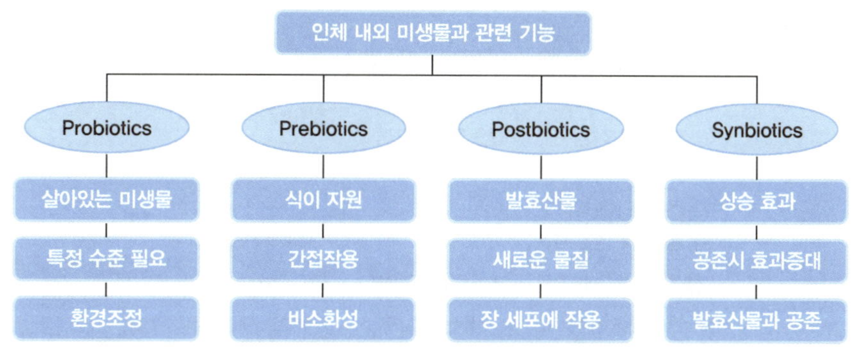

그림 3-2. 인체 내 유익한 미생물과 관련 기능

〈그림 3-2〉에서 보면 살아있는 미생물(Probiotics)을 기점으로 이들이 먹이(Prebiotics)를 이용하면서 긍정적인 기능을 발휘하고 발효산물(Postbiotics)과 상호작용에 의하여 상승작용(Synbiotics)을 하고 있음을 알 수 있다.

인체에 기능적 효과를 발현하는 미생물과 관련 기능의 정의와 특징 및 주요 역할을 비교해 보면 〈표 3-1〉과 같다.

표 3-1. Probiotics, Prebiotics, Postbiotics 및 Synbiotics의 정의와 특징 및 역할 비교

용어	정의	주요 특징	예시	주요 역할
Microbiome	특정 환경(예: 장, 피부 등)에 존재하는 미생물 군집과 그들의 유전체	인체 내 생태계 구성, 개인별 다양성 있음	장내 세균군, 피부 마이크로바이옴	면역조절, 영양소 대사, 장벽 보호 등
Probiotics	적절한 양을 섭취 시 건강에 이로운 살아있는 미생물	적절한 양 섭취 시 건강에 도움	유산균(Lacto-bacillus), 비피더스균(Bifido-bacterium)	장내 균형 유지, 병원균 억제, 면역 강화
Prebiotics	장내 유익균의 성장을 돕는 비소화성 식이성분	사람은 소화하지 못하지만 유익균은 이용 가능	이눌린, 프락토올리고당(FOS), 갈락토올리고당(GOS)	유익균 증식 유도, 장내 환경 개선
Postbiotics	숙주 건강에 유익한 효과를 주는 미생물 유래, 비 생존성 성분(대사물, 세포 성분, 세포 잔해)	살아있지 않아도 기능성 발휘	단쇄지방산(SCFA), 박테리오신, 세포벽 조각	염증 억제, 면역조절, 장 점막 보호
Synbiotics	프로바이오틱스+프리바이오틱스의 병합 체계	상호 시너지 효과를 목표	유산균+이눌린 복합제, FOS 조합 포함	유익균 활성화 및 장내 정착 향상

〈표 3-1〉에서 보듯 Probiotics을 시작으로 다양한 기능이 발현되며 단독으로 기능하기 보다는 서로 연계되어 작용한다. 각각의 역할은 큰 범위에서는 Biotics(생명역학-生命力學)의 범주에 든다.

한편 인체 내에서 유익한 기능을 하는 장내 미생물들과 관련되는 기능의

차이와 특성을 비교하면 〈표 3-2〉와 같다.

표 3-2. Probiotics 관련 기능 간 차이점 비교

비교 항목	Probiotics	Prebiotics	Postbiotics	Synbiotics
생물 여부	살아있음	비 생물성	비 생물성 (사멸체/대사산물)	살아있는 미생물 포함
작용 대상	직접 작용	장내 유익균	인체 및 장에 직접 작용	유익균과 프리바이오틱스 간의 상호작용
주요 기능	유익균 공급	유익균 성장 촉진	면역/대사 조절	복합적 장 건강 증진
안정성	민감(온도, 저장조건 등)	비교적 안정	매우 안정	제품에 따라 다름

〈표 3-2〉에서 보면 살아있는 미생물(Probiotics)과 이들이 먹이(Prebiotics)를 이용하면서 생산한 산물(Postbiotics)이 기능성을 보이며 인체에 대사기능, 면역기능을 향상시키는 것으로 밝혀지고 있다. 특히 관련 기능이 서로 상승효과(Synbiotics)를 내기도 한다(Brewster, 2025).

Probiotics

Probiotics란 언어는 라틴어인 "for life"에서 유래하였으며 처음 Probiotics으로서 기능을 이용한 것은 기원전으로 올라간다. 이때 우유를 발효하여 저장 기간을 늘리는 방법을 알았으며(Lilly, D. M 1965), 이때 발효의 기능을 이해했다고 여겨진다(Ozen M, and Dinleyici, E.C, 2015). 우리 조상들은 이집트 시대 전부터 효모에 의한 주류발효식품을 생산, 음용하였고 여러 발효음료를 생산, 식용했다. 발효 제품은 여러 나라, 즉 로마, 몽골, 터키, 중국 등에서 기원전부터 알려지고 있었으며 발효식품의 식용은 결국 Probiotics 활용도 같은 개념으로 이해할 수 있는 것이다. 발효식품은 장내미생물 구성에 관계되며 건강에 유익한 작용을 한다는 것을 밝힌 것을 프랑스 과학자인 E. Metchnioff였다.

시장 조사 보고서별로 수치에는 약간의 차이가 있으나, 프로바이오틱스 시장 규모가 2023년 877억 2천만 달러에 달하며, 2023년부터 2030년까지

연평균 성장률(CAGR) 14%을 기록해 2030년 말에는 2,201억 4천만 달러에 이를 것으로 전망하였다(Grand View Resaearch, 2023).

이들 Probiotics 기능은 (1) 단쇄 지방산(SCFA: butyrate, propionate, acetate)을 생산, 장내 세포의 에너지원으로 공급하며, (2) 소장 상피세포의 방어 기능 작용으로 독성물질 통과를 방어하고, (3) 친 염증성 cytokine의 억제 및 면역 밸런스 유지, (4) IgA 생산자원, (5) 항 미생물 물질생산(α-defensin과 lysozymes), (6) 항산화 작용, (7) 장내 점질물질 생산, (8) GLP-1 합성 촉진, (9) IL-10과 retinoic acid 생산, (10) 비타민 생산(K, B_5, B_8, B_9과 B_{12}), 기타 항균 활성이 있는 과산화수소(H_2O_2) 생산, (11) 그 외 병원균의 생장 억제 등 다양한 기능이 알려지고 있다(Cuamotzin-Garcia, et al, 2022).

Probiotics는 비소화성 식이섬유 등 Prebiotics를 기질로 이용하여 증식하며, 증식 과정 중 위에서 거론한 여러 긍정적인 영향을 준다.

Probiotics로 활용되는 균 속, 종은 〈표 3-3〉과 같다(Zheng, et al 2020).

표 3-3. Probiotics로 사용가능한 균 속, 종

Lactobacillus spp.	
Lactobacillus acidophilus	*Lactobacillus crispatus*
Lacticaseibacillus rhamnosus	*Lactiplantibacillus plantarum*
Lactobacillus gasseri	*Ligilactobacillus salivarius*
Lacticaseibacillus casei	*Lactobacillus johnsonii*
Limosilactobacillus reuteri	*Lactiplantibacillus pentosus*
Lactobacillus delbrueckii subsp. bulgaricus	*Limosilactobacillus fermentum*
Lactiplantibacillus plantarum	*Lactobacillus helveticus*
Bifidobacterium species	
B. bifidum	*B. animalis*
B. breve	*B. longum subsp.infantis*
B. longum	*B. animalis subsp.lactis*
B. adolescentis	
Others	
Streptococcus thermophilus	*Enterococcus faecium*
Lactococcus lactis subsp. lactis	*Pediococcus acidilactici*
Lactococcus lactis subsp. cremoris	*Saccharomyces boulardii*
Propionibacterium (Cutibacterium) freudenreichii	*Enterococcus faecalis*

〈표 3-3〉에서 보면 넓은 범위의 균 속이 Probiotics로 활용될 가능성이 있으나 인체에 사용하기 위해서는 국가가 정한 기준, 규격에 맞아야 하고 신규의 경우 허가를 받아야 한다.

Probiotics로 활용될 수 있는 균 속은 Lactobacillus로 가장 폭넓게 균종이 분포되어 있으며 다음은 Streptococcus, Lactococcus 등이다. 그 외 Enterococcus도 포함되며 Pseudomonas에서 Stutzerimonas 속으로 재분류

된 *S. kunmingenensis* TFRC-KFRI-1은 바지락에서 분리되어 Probiotics 기능을 갖는 것으로 보고되고 있다(Lee, M.L., et al., 2024). 이들과 함께 특정 효모도 잠정적인 Probiotics로 기능이 있음을 밝히고 있다. *Meyerozyma caribbica* TV2는 항균활성을 보이며 항산화, 유해세균의 증식억제 효과를 보인다(Tam, V. T.T. et al. 2025).

1) Probiotics의 선정 기준

인체에 유익한 작용을 하는 Probiotics는 국가마다 사용 가능한 균류를 선택, 법으로 관리하고 있으며 확실한 기준을 설정, 관리하고 있다. Probiotics는, 첫째 인체에 해가 없는 것은 물론 어느 형태로든 생리적으로 긍정적 효과가 있어야 한다. Probiotics 균주의 선발은 실험실 결과와 대량생산시 성능이 일치하지 않는 경우가 많아 과학적 검증과 산업적 성능 지표를 통합하는 표준화된 평가 체계의 구축이 필요함을 제시하기도 한다(Kim, H. et al, 2026).

이들의 요건을 제시해 보면 〈표 3-4〉와 같다(Ayivi et al, 2020).

표 3-4. Probiotics의 구비 요건

- 임상 시험과 입증할 서류
- 산과 담즙에 저항성
- 소화기 내 정착 및 장내 내벽에 부착, 증식 가능
- 균종은 허가된 것이어야 함
- 균 출처는 인간이어야 함
- 여러 가공 처리에 견디어야 함
- 안전성, 독성이 없어야 하고 알려지 없고 변이성이 없어야 함
- 항생제 내성, 민감성과 함께 바람직한 대사 활성도

〈표 3-4〉에 제시된 바와 같이 안전성이 가장 우선이면서 생리활성이 보증되어야 하며 이들 조건을 충족시켜야 합법적으로 Probiotics로 사용이 가능하다.

한편 국내는 법적으로 이용가능한 균종, 속은 〈표 3-5〉와 같다.

표 3-5. 법적으로 허용된 Probiotics 균종(한국)

Lactobacillus	*L.acidophilus, L.casei, L.paracasei, L.delbrueckii subsp. bulgaricus, L.helveticus, L.fermentum, L.paracasei, L.plantarum, L.reuteri, L.rhamnosus, L.salivarius*
Lactococcus	*Lc. lactis*
Enterococcus	*E.faecium, E. faecalis*
Streptococcus	*S.thermophilus*
Bifidobacterium	*B.bifidum, B.breve, B.longum, B. animalis sp. lactis*

출처: 식품의약품안전처

〈표 3-5〉에서 보는 바와 같이 4속 19종이 허용되어 있으며 앞으로 연구결과에 따라 속과 종은 더 추가될 것이다. 한편 국내는 식약처에서 고시형과 개별인정으로 구분하고 있으며 고시형은 모두에게 사용 개방 되어있으나 개별인정형은 신청자에만 사용이 제한되는 차이가 있다.

허용된 Probiotics는 나라마다 조금씩 차이는 있지만 앞으로 Bacillus 속의 균종이 허용될 가능성은 높다. 이 분야 연구가 계속 활성화될 것이다.

한편 초기부터 Probiotics의 극적인 효과를 과학적으로 밝혀내지는 못했지만, 발효식품을 먹기 시작할 때부터 발효에 관여한 균류가 인체에 들어가서 긍정적인 생리작용은 했을 것이다. 따라서 발효식품을 식용할 때부터 인류는 이미 Probiotics의 긍정적 기능을 활용했다고 여겨진다.

Probiotics의 연대별로 구분하여 변화를 관찰하면 〈표 3–6〉과 같다.

표 3–6. Probiotics 이용 연대별 변화

연대	제품들
기원전 7000년	중국에서 채소 발효 제품을 식용함
기원전 3500년	이집트에서 발효유 식용함
1500년대	프랑스 프랑수아(Francis)왕에게 장 치료용으로 요구르트 공급
1857년	프랑스 Louis Pasteur 발효가 미생물에 의해서 일어남을 밝힘
1905년	불가리아의 미생물학자인 Grigorov, S., 최초로 *L.bulgaricus* 발견(요구르트)
1908년	러시아 동물학자인 Metchnikoff, E. Probiotics 개념 도입, 장내 건강 증진 주장
1919년	물리학자인 스페인 Isaac Carasso가 의료용으로 Danone 요구르트 생산
1965년	Lilly, D.M.와 Stillwell, R.H.는. 한 균이 다른 균의 증식에 관여한다는 Probiotics 개념 도입
1995년	Gibson, G.R.과 Roberfroid, M.은 장내 미생물에 영양 공급하는 Prebiotics 개념 도입
2021년	The International Scientific Association for Probiotics and Prebiotics에서 Prebiotics 정의함

〈표 3–6〉에서 보는 바와 같이 고대로부터 발효채소와 발효유에서 젖산균 형태로 Probiotics를 섭취했으며 이들의 기능을 과학적으로 밝힌 것은 서양 학자들이었다.

발효유제품 형태로 식용한 역사는 BCE 3500년으로 거슬러 올라간다(Brewster, R. 2025).

2) Probiotics의 건강기능성

현재 Probiotics를 이용한 발효식품이 상업적으로 생산, 유통되고 있으며 대표적인 상품이 다양한 형태의 젖산균을 이용한 요거트 등 발효식품들이다. 이들 제품에 사용하는 균주는 제조회사마다 다르며 보통 복합균주를 사용하고 있다. 유제품 외에도 발효식품에서는 다양한 소재를 이용하여 적성에 맞는 Probiotics를 선발, 제품을 만들 수 있을 것이다. 특히 한국의 전통발효식품 즉, 김치, 장류 등은 이미 발효 관여 균들이 Probiotics로서 인정된 균들이 관여하고 있으므로 이들 발효식품을 먹는 경우 자연스럽게 식품에 함께 있는 Probiotics를 섭취하고 있다. 이런 이유로 발효식품을 많이 섭취하는 인구 집단에서 건강과 장수에 관계된다는 이론이 힘을 받고 있다. 지금 시장에는 발효식품과 함께 순수하게 Probiotics를 증식하여 액상 혹은 분말 형태로 상품화하여 소비자의 손에 닿고 있다(Ibrahim, 2023).

발효식품에 다양하게 함유되어 있고 발효에 깊이 관여하고 있는 이들 Probiotics가 갖고 있는 건강기능성을 다음과 같이 구분, 설명할 수 있다.

- 감염 형 질병에 내성 증가

오염된 식품과 물 등에 의한 유해 미생물들이 장내에 들어와 건강을 해치는 요인이 되고 있는데 Probiotics는 이들 유해 미생물을 관리하는 데 도움을 줄 수 있다. 연구 결과에 의하면 유해균인 *E coli* 0157.H7을 *Bifidobacterium lactis* HN019는 유해 기능을 감소시킨다고 보고하고 있으며, 이는 면역기능과 관계된다고 발표하였다(Gill, et al, 2020). 또한 Clostridium toxin A에 대한 항독소 물질이 생기는 것도 확인되었다.

• 면역기능 개선

Probiotics 섭취에 의해서 인체에 면역기능이 개선된다는 연구결과들이 보고되고 있다(Galdeano et al., 2009). 이들 Probiotics가 장내 점질물이 면역기능을 활성화시키고 비 특이성 방어기능을 강화하는 것으로 알려지고 있다. 또한 Bifidobacterium은 항종양효과를 내는 cytokine 생성을 촉진한다고 한다. 이들 외에 관련 연구에서 면역기능 개선에 관계되는 관련 연구가 많이 발표되고 있다(Gill, 2000). 이런 연구 결과를 종합해 볼 때 Probiotics는 인체 내에서 면역기능을 개선, 질병 예방에 효과가 있음이 증명되고 있다. 또한 효모인 *Saccharomyces boulardii* 등도 유해 미생물의 생장을 억제하고, 항생제에 의한 설사 개선에 효과가 있다(Fietto et al., 2004).

종합해보면 Probiotics의 질환에 대한 임상시험 결과, 항생제 관련 설사병, 염증성 질환, 장암 발생 억제와 관련된 연구결과가 보고되고 있다(Suez, J., and Elinav, E., 2017).

• Allergen 발현 억제

어린이들에게 *Bifidobacterium lactis* Bb12와 *Lacticaseibacillus rhamnosus*를 급여하면 아토피 발생을 완화할 수 있고(Isolauri, et al,2000), 그 외 아토피와 습진도 이들 젖산균 급여로 개선되었다. Lactobacillus, Lactococcus, Pediococcus와 Leuconostoc 속의 균들은 mycotoxin을 생성하는 균의 증식을 억제하는 것을 확인하였다(Gerez, et al, 2009). 그 외에도 알레르기 억제에 관한 연구 결과는 계속 발표되고 있다.

● 악성 종양의 억제 효과

Probiotics에 의한 항암효과는 여러 연구결과에서 확인되고 있다(Ibrahim, S. A, 2023). 이들 효과는 Lactobacillus나 Bifidobacteria에서 나타나고 있으며 *Escherichia coli*의 대사산물과 발암물질의 중화에 관여한다고 알려졌다. 동물실험에서도 Probiotics 급여에서 발암억제 효과를 확인하였고(Roller et al, 2004) Probiotics 섭취에 의해서 killer cell 활성을 증가시킨다고 하는 등 Probiotics 섭취에 의한 항종양 효과가 확인되고 있다(Ngara, Y., et al. 2011).

● 혈중 콜레스테롤 관리 효과

Probiotics는 대사질환의 일종인 고혈압의 관리에도 긍정적인 효과를 기대할 수 있다. 고혈압은 여러 요인이 있으나 고콜레스테롤 혈증이 주된 원인이 된다(Lye et al., 2009). Lactobacilli와 Bifidobacteria를 섭취 시 지방 대사 작용으로 혈중 콜레스테롤 수준을 낮춘다고 알려져 있다. 이 결과 혈압을 강하시킨다(Liong and Shah, 2005). 이와 같은 결과는 관련 균주의 사균과 정지된 균주의 효과로 알려지고 있다. 어떤 Probiotics 미생물은 효소에 의한 콜레스테롤의 접합 풀림에 의해서 고콜레스테롤증을 낮추는 효과가 있다는 것이 밝혀지고 있다(Liong and Shah, 2005).

● 만성질환 발생 억제 기능

전 생애 기간 중 장내에 생존하는 미생물, 즉 장내 미생물총이 인체의 건강유지에 매우 중요한 역할을 하고 특히 인체의 항상성 및 건강 유지에 큰 역할을 한다는 것을 밝히고 있다(Yeboah, et al., 2023). Probiotics는 여러 기작을 통하여 장내 건강을 지켜주는 역할을 하며 장내 건강은 인체 전체 건강, 장수와도 연계된다고 여겨진다.

- 젖당 불내증 개선

젖당분해효소가 선천적으로 결핍된 경우 우유 등 젖당이 많이 함유된(약 13%) 음료를 섭취하면 설사를 유발한다. 이럴 경우 β-galactosidase enzyme을 생성하는 *Lactobacillus bulgaricus*나 *Bifidobacterium bifidum*을 증식시키면 우유 중 젖당이 분해되어 젖당 불 내증에 의한 설사 증상을 예방할 수 있다(Kim and Gilliland, 1993). 우유섭취에 의한 설사증상에서 젖당이 중요한 역할을 하나 우유의 특정 단백질도 관여되는 것이 알려지면서 젖소가 생산하는 casein에 대한 영향이 검토되고 있다(Barnett, et al., 2014).

- Probiotics의 부정적인 측면

Probiotics가 소장 내에 과도하게 증식하는 경우 복부 팽만, 가스 발생, 복통 설사를 유발할 수 있다(Rao, S. S. C.. et al, 2018). 대부분의 인구에서 프로바이오틱스가 일반적으로 안전하다는 가정을 뒷받침한다고 하나 일부 임상시험 결과, 실험 모델에서 전신 감염, 해로운 대사활동, 민감한 개인에서의 과도한 면역 자극, 유전자 전달, 위장관 부작용 등의 위험이 제기되어 왔고, Probiotics와 관련된 이상 반응의 발생 빈도와 중증도를 적절히 설명하기 위해서는 더 많은 연구가 필요하다는 의견이 제시되기도 한다(Doron, S. and David R. Snydman, D. G., 2015).

Prebiotics

인체 내에 살아있는 미생물인 Probiotics는 장안에 함께 있는 여러 기질을 이용, 증식하며 이들 성분에 관한 많은 연구가 있고 지금도 진행되고 있으며 Probiotics들이 장내에서 이용하는 유기물을 Prebiotics로 구분하고 있다〈그림 3–2〉.

Prebiotics란 말을 처음 사용한 사람은 1965 Gibson과 Roberfroid로 숙주의 대상 미생물을 선택적으로 증식 촉진하여 숙주에 이익을 주는 비소화성 식품 성분이라고 정의하였다(Gibson, et al., 2004).

Prebiotics는 큰 범위로 보면 미생물에 에너지와 영양을 공급하는 물질로 분류할 수 있으나 제한적으로 장내미생물(Probiotics)의 성장과 증식에 사용되는 물질이다. 구체적으로 정의하면 특정 장내미생물의 증식에 도움을 주고 이 결과로 숙주에 건강상 유익한 작용을 도와주는 비소화성 식품 성분이다(Salminen, S,, et al, 2021). 이들 비소화성 성분은 포유동물의 효소에 대한 저항성을 갖고 있으나 장내미생물에 의해 이용 되어야 하고 장내에서 건강 기능성을 나타내야 한다. 또한 장내미생물을 선택적으로 증식, 촉진하는 기능을 가져야 한다(Megur, et al, 2022).

1) Prebiotics의 기능

Prebiotics의 기능은 다양하다. 면역관련 인터류킨(Interleukin−대식세포가 만들어내는 단백질 성분)과 특수 면역 글로브린을 증가시키고 친 염증성 인터류킨을 감소시키면서 다양한 단쇄 지방산(프로피온산, 부틸산 등)을 생산한다. 이들 단쇄지방산(SCFA)은 장내에서 장벽 보강, 장내 건강 유지에 관여한다(Shokryazdan, P., et al, 2017). 또한 장내 pH를 낮추는 작용도 하며 주로 식이섬유의 혐기성 분해 산물로 알려지고 있다. 이들 성분은 장 내벽 보호 작용을 하는 점질물 생성, 염증성 질환과 대장암 예방 및 비만 억제에 관여한다(O'Keefe, S. J. D., 2016). SCFA는 장내 산성 유지 및 항균성 물질 작용으로 pH가 낮아지고 유해미생물 증식을 막아 장내 건강을 유지한다. 외부에서 투입되는 SCFA는 소장 등에서 흡수되고 대장까지 이르지 못하여 생리기능성을 나타내지 못한다. Prebiotics는 비소화성 탄수화물과 함께 식품 성분으로 들어 있는 펩타이드, 단백질, 특정 지방 등도 포함되며 이들은 장 상부에서 흡수 혹은 소화되지 않는다(Wan, M.L.Y. et al., 2019). 관련 탄수화물은 저항전분, 비소화성 올리고당이 포함된다.

추가되는 기능으로는 장내 연동운동을 촉진하여 변비를 예방하고 포만감을 주어 장내에서 포도당 흡수를 지연하면서 장내 유익균의 영양원으로 이용하게 한다. 전체적으로 면역기능을 향상시키기도 하며 유해미생물의 정착을 차단하고 장세포의 영양원으로 이용된다. 부가하여 혈중 저콜레스테롤증을 예방하기도 한다(Cuamatzin-Garcia, L, et al., 2022).

Prebiotics의 기능을 요약하면 〈그림 3-3〉과 같다.

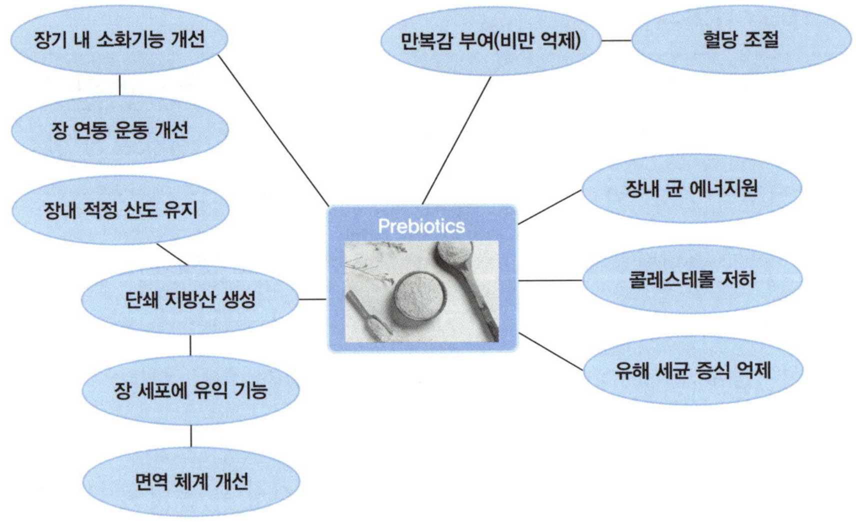

그림 3-3. Prebiotics의 인체 내 유익 기능

일반적으로 Probiotics는 장내 생존 기간이 짧아 지속적인 섭취가 필요하다. 반면 Prebiotics는 음식 성분을 통한 식이 조절로 꾸준히 장내에 공급할 수 있다. 이러한 점에서 발효식품은 프로바이오틱스와 프리바이오틱스를 동시에 함유한 Synbiotics 기능성 식품이라 할 수 있다.

2) Prebiotics의 종류(Meguro, A., et al., 2022)

앞에서 설명한 Prebiotics로서 구비 조건을 갖춘 식용 유기물은 다양하다.

이들은 기능상, 혹은 화학구조 등도 다르며 장내 균류 중 특정 미생물의 성장에 관여하는 등 자체가 갖고 있는 특성이 서로 같지는 않다. Prebiotics로 알려진 식이 물질로는 Oligosaccharide 등 탄수화물이 큰 부분을 차지하고 있으나 탄수화물이 아닌 경우도 있다.

이들 예를 다음과 같이 요약 설명한다.

- Inulin(Fructan)

대표적인 Prebiotics로 알려진 천연물로, 돼지감자 등에 많이 들어있는 다당류이다. Fructan으로 알려져 있으며 식물 속에는 oligosaccharide나 polysaccharide로 존재하며 fructosyl–fructose 결합으로 되어 있다. 이눌린 형태의 fructan은 인간 소장의 소화 효소에 의해서 분해되지 않고 공존하는 장내 미생물에 의해서 분해되며 분해 산물이 장내에서 생리적 기능을 보인다. 이 탄수화물은 과당(fructose)의 중합체이며 중합도에 따라 특성이 다르다. 직쇄 형태로 되어 있고 β(2→1) fructosyl–fructose glycoside 결합으로 연결되어 있으며 이 연결 특성이 구조와 물성을 결정한다. Inulin은 결합구조 때문에 구강이나 소장 내 효소에 의해서 분해되지 않아 대장에서 Probiotics의 영양원이 될 수 있다.

- Fructo-oligosaccharides(FOS)

또 다른 fructan으로 식물에서 발견된다. 보통 치커리에서 가수분해로 얻을 수 있으며 인위적으로는 설탕을 기질로 하여 fructosyl unit로 전이하여 합성할 수도 있다.

• Galacto-oligosaccharides(GOS)

젖당을 기본으로 한 중합체이다. 비소화성 올리고당에 포함된다. 이 혼합물은 사용하는 효소에 의해서 조성이 달라지며 보통 *A. oryzae*, *B. circulans* 같은 미생물이 생산하는 β-Galactosidase를 이용, 상업적으로 생산하여 상품으로 시판되고 있다. 중합도는 tri에서 penta-saccharide 알려져 있으며 β(1-6), β(1-3), β(1-4) 결합구조가 있다. Bifidobacteria가 장내에서 잘 이용한다.

• 인유 중 Oligosaccharide(HMO)

HMO(Human Milk Oligosaccharide)는 최근 프리바이오틱스(Prebiotics)로 분류되고 있으며, 소화되지 않는 탄수화물의 복합체이다. 모유에는 약 10~15g/L 정도가 함유되어 있으며, 보통 3~15개의 단당류 단위가 결합된 구조를 가진다. HMO는 모유 수유 초기에 가장 높은 농도로 함유되나 수유가 진행됨에 따라 점차 그 함량이 감소한다.

HMO는 포도당(glucose), 갈락토스(galactose), N-아세틸글루코사민(N-acetylglucosamine), 푸코스(fucose), N-아세틸뉴라민산(N-acetylneuraminic acid) 등이 젖당(lactose)을 기본 골격으로 하여 구성된 것이다. 이 중 2'-fucosyllactose가 모유에서 가장 많이 함유된 HMO로 알려져 있다.

장내에서는 특히 비피도박테리아(Bifidobacteria)가 HMO를 잘 이용하며, 이들의 증식을 촉진한다. 또한 HMO는 영아의 장 건강 유지와 뇌 발달에도 중요한 역할을 하는 것으로 보고되고 있다.

- **포도당 기반** Oligosaccharide(Polydextrose, PDX)

포도당이 결합된 고분자 탄수화물로, 인체에서 소화되지 않는 비소화성 탄수화물이다. 중합도는 2~120까지 다양하며, α-결합과 β-결합이 혼합된 형태로 존재한다. 수용성 식이섬유로 알려져 있으며, 장내 미생물의 성장 촉진과 만복감 유지에 기여한다. 장내 미생물이 이를 이용하여 발효하므로 Prebiotics로 작용하며, 장내 미생물 균형을 개선한다. 특히 배변 완화, 포도당 흡수 지연, 단쇄지방산(SCFA) 생산 등에 관여하여 건강 유지에 도움을 준다.

- **저항성 전분**(Resistant starch, RS)

상부 소화기 내에서 소화되지 않는 전분류로 췌장에 있는 아미라제에 의해서 분해되지 않고 대장까지 내려가서 Probiotics에 의해서 단쇄 지방산을 생산, 기능성을 발휘한다. Bifidobacteria, Akkermansia와 Allobaculum 등의 증식에 소재로 이용된다. 단쇄 지방산은 propionate, butyrate, acetate 등이다.

- Pectic-oligosaccharide(POS)

과실이나 채소류에 함유되어 있는, pectin에서 유래한 다당류로 rhamnose나 galacturonic acid를 기반으로 한 중합체이다. 이 분자에는 galactose, xylose, arabinose가 함유되어 있고 측쇄로 ferulic acid가 연결되어 있다. 구강, 소장 내에서 분해시키지 못한다. Bifidobacteria나 Lactobacillus의 증식에 관여하여 항비만, 항암, 항산화 등 기능성이 밝혀지고 있다. 이들 외에도

galactose와 fructose가 연결된 비소화성 lactulose, galactosylsucrose, lactosylfructoside, galactosucrose 등이 연결된 lactosucrose, cellulose가 아닌 다당류인 arabinoxylan, xylose의 중합체인 xylooligosaccharide 등도 Prebiotics로 분류되며 장내에서 Probiotics 영양원으로 작용하여 인체에 유익한 기능성을 발휘한다.

한편, Prebiotics는 과량 섭취 시 건강에 부정적인 영향을 준다. Prebiotics 섭취량이 권고량 이상인 경우 설사를 유발하는 등의 부작용이 있는 것으로 알려졌다(Rao, S.S.C., 2018). 이에 따라 권장 소비량이 제안되어 있으며 일일 섭취 권고량은 〈표 3-7〉과 같다(Tuohy, K. et al., 2005)

표 3-7. Prebiotics 일일 섭취 권고량

Prebiotics	섭취 권고량(일)
Inulin(Fructan)	2-12g
POS(SCFAs 유도체)	12.5-20g
GOS	2-20g
HMO	10-20g
PDX	4-12g
RS	10-15g
POS	10-20g
Lactulose	10-30g
Lactosucrose	제한없음
AX(Arabinoxylan)	제한없음
XOS	1-5g

GOS: Galacto oligosaccharide; HMO: Human milk oligosaccharide

PDX: Glucose derived oligosaccharide; RS: Resistant starch; POS: Pectic oligosaccharide; XOS: Xylose moeities linked by β(1→4) glycoside bonds.

한편 전분과 단백질의 가열처리에 의해 생성되는 마이아르 반응물이나 케라멜화 물질들은 장내 미생물의 증식 혹은 억제하는 등 양면 반응을 보인다. 유익한 대사산물인 butyrate 생산을 증가시키는가 하면 황산염 환원균(Sulfate-reducing bacteria)의 증식을 촉진하기도 한다(Ding, W. et. al., 2025).

종합적으로 최근의 연구 결과는 Prebiotics는 비만 억제, 당뇨 개선, 대사작용과 면역기능 개선 등 작용이 알려졌으며 섭취량을 늘리기 위하여 식품의 조합 등 여러 가능한 수단을 동원할 필요가 있다.

Postbiotics

Postbiotics는 발효 기능을 마친 죽은 미생물이나 살아있던 미생물이 증식 과정에서 새롭게 생성한, 인체에 유익한 작용을 하는 대사산물이나 미생물의 세포 성분으로 〈그림 3-3〉과 같은 기능을 가진다. 국제 Probiotics 및 Prebiotics 과학협회(ISAPP)에 의하면 Postbiotics를 다음과 같이 정의하고 있다.

"Postbiotics are preparations of inanimate microorganisms and/or their components that confer a health benefit on the host." 즉 생명활성을 잃은 미생물이나 이들이 생산한 성분으로 인체에 유익한 생리작용을 하는 물질을 광범위하게 포함한다.

과학적으로 밝혀진 결과에 의하면 장내미생물의 불균형은 몇 가지 질병, 즉 당뇨, 암, 비만 등을 유발하고 장 활동이나 더 나아가서 두뇌 활동과도 관계된다고 알려져 있다(Z'olkiewicz, J. et al., 2020). 이와 같은 기능은

Probiotics과 Prebiotics에 모두 해당된다. 근래 몇 년 사이 Microbiota의 개념에 포함된 Probiotics와 Prebiotics, 및 Postbiotics에 대한 개념의 연구 논문이 크게 증가하고 있으며, 이들 미생물 관련 산물의 인체 내 긍정적 작용은 폭넓게 증명되고 있다. 특히 Postbiotics 분야에서는 Postbiotics, Paraprobiotics, Non-viable probiotics, Heat-killed probiotics, Tyndallized Probiotics 등으로 생균이 아닌, 다른 개념으로 설명하고 있다. Heat-killed probiotics, Postbiotics 순으로 많이 인용되고 있다(Salminen.S. et al., 2021). 이런 현상을 보면 근래 서서히 Postbiotics에 관심이 높아지는 추세이다.

1) Postbiotics의 주요 특징

Postbiotics는 사균화된(Probiotics-derived non-viable) 미생물체 또는 그 대사산물로 정의되며, 살아 있는 Probiotics와는 구별되는 다음과 같은 특징을 지닌다(Salminen, S., et al., 2021).

- **비활성 상태**(Non-viability and stability)

Postbiotics는 살아 있는 미생물이 아니므로, 냉장 등 특별한 보관 조건 없이도 장기간 안정성을 유지할 수 있다. 이는 제품의 유통기한 연장과 품질 유지 측면에서 유리하다.

- **면역 조절기능**(Immunomodulatory effects)

Postbiotics는 장 점막 내 면역세포와 상호작용하여 면역 반응을 조절하며, 특히 선천면역계를 조절해 염증을 완화하는 효과를 보인다. 예를 들어, 특정 젖산 균 사체는 대식세포와 수지상세포의 사이토카인 분비를 조절한다는 보고가 있다.

- **항균 및 항염 작용**(Antimicrobial and anti-inflammatory properties)

Postbiotic는 세포벽 성분(peptidoglycans, teichoic acids) 및 생성된 대사물질(예: 단쇄 지방산, bacteriocins)을 통해 병원성 미생물의 성장을 억제하며, 동시에 염증반응을 완화하는 데 기여한다.

- **장 건강에 대한 기여**(Gut health modulation)

Postbiotic는 장내 미생물 군집구조를 유익하게 조성하고, 장 상피세포의 결합 단백(tight junction) 발현을 증가시켜 장벽의 보호기능을 강화하는 것으로 확인되었다.

- **감염 위험 최소화**(Low risk of infection)

살아 있는 미생물과 달리, Postbiotics는 감염을 유발할 가능성이 없거나 매우 낮다. 이로 인해 면역력이 저하된 환자나 고위험군에서도 안전하게 사용될 수 있다.

이들 Postbiotics와 Probiotics의 차이점을 비교하면 〈표 3-8〉과 같다.

표 3-8. Probiotics와 Postbiotics의 특성 비교

항목	Probiotics	Postbiotics
생존여부	미생물 생존	사균(死菌) 또는 생성 산물
저장성	온도, 습도에 영향	변화 미비, 장기 보존 가능
부작용	면역저하자부작용(패혈증 등)	상대적으로 안전
작용방법	미생물 증식, 정착	자체 성분에 의한 생리작용
적용분야	발효 제품(요구르트)	건강기능식품, 피부관리, 의약품 등

〈표 3-8〉과 같이, Probiotics는 살아있는 미생물인 반면, Postbiotics는 사멸된 미생물 자체나 이들이 생성한 산물로 구성되어 있으며, 이로 인해 인체 내 작용과 생리적 기능에서 차이를 보인다.

2) Postbiotics의 종류

Probiotics가 생산하는 산물은 몇 가지로 구분된다. 이들은 미생물의 세포벽 구성요소(Lipopolysaccharide), peptidoglycan 등이 있고 생산 산물로서 단쇄지방산(SCFAS)으로 acetate, propionate, butyrate와 함께 Lactobacillus나 Bifidobacteria 속 등의 사체 등도 Postbiotics로 기능을 갖는다. 또 발효산물로는 효소, 단백질, 항균 펩타이드가 생산되고 있다. 세포벽 구성분인 다당류는 면역조절 및 장내 점막보강에 기여한다. 또한 비타민 및 항산화물질도 미생물 대사에 의해서 생성된다.

이들 생성물을 분류해보면 〈그림 3-4〉와 같다(Z'olkiewicz, J. et al., 2020).

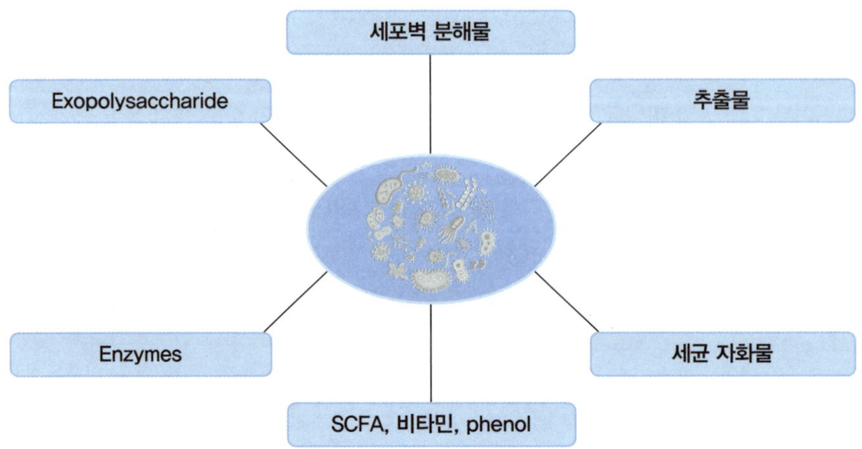

그림 3-4. Probiotics에 의해서 생성되는 Postbiotics

〈그림 3-4〉에서 보는 바와 같이 Probiotics가 생명을 잃은 균체뿐만 아니라 생존 시 생성한 물질들이 생리활성이 있는 다양한 발효산물 만들고 있다.

3) Postbiotics에 의한 건강조절과 기능

Probiotics에 의해 생성된 Postbiotics는 인체 내에서 만성질병의 예방 및 다양한 건강기능성을 발휘하는 생리작용을 한다. 이들의 작용이 기능별로 확인되고 있다(Scott, E. et al, 2022, 서건호 등, 2025).

- 장내 상피세포의 강화

인체의 장벽은 음식, 약물, 병원균 등과 직접 접촉하면서 필요한 영양소를 흡수하고, 해로운 물질이나 미생물이 체내로 침투하지 못하도록 차단하는 기능을 수행한다. 장에 염증이 발생하면 크론병이나 궤양성 대장염과 같은 염증성 장 질환이 유발될 수 있으며, 장 기능 이상은 과민성 대장증후군과 같은 기능성 장애로 이어질 수 있다. 또한 장벽 기능이 손상되면 식중독과 같은 식품 매개 감염질환의 발생 위험도 증가한다.

이러한 방어 기능을 유지하기 위해 정상피세포들은 밀착연접 단백질(tight junction proteins)에 의해 서로 단단히 연결되어 있다. 이 단백질들은 '접합 복합체(junctional complex)'를 형성하며, 대표적인 인자로는 ZO-1(Zonula occludens-1), occludin, claudin 등이 있다. 최근 연구에 따르면 일부 프로바이오틱스가 분비하는 대사산물은 이러한 단백질의 발현과 기능을 조절하여 장벽 기능을 강화하는 데 중요한 역할을 하는 것으로 보고되고 있다.

염증을 줄이는 작용

염증성 장질환(IBD)과 과민성장증후군(IBS)과 같은 만성 장 질환은 염증 및 장 장벽 기능 저하와 관련이 있으며, 이는 활성산소(ROS)의 과도한 생성으로 인한 산화 스트레스에 의해 유발된다. ROS의 지속적인 과잉 생성은 장 기능을 저하시켜 영양소 흡수를 방해하고, 장 투과성을 증가시키며, 장의 운동기능을 저해하여 심각한 장 조직손상의 원인이 된다. 이러한 조직손상은 죽상 경화증(Atherosclerosis), 관절염, 당뇨병, 알츠하이머병, 퇴행성 신경질환, 심혈관질환 등 다양한 만성질환과도 연관이 있다. 특히 크론병 환자는 항산화 방어 기능이 저하되어 있는 경우가 많다. 젖산균이 생성하는 외부다당류(EPS, Exopolysaccharide)는 장 상피장벽을 강화하고 강력한 항산화 작용을 나타낸다. 이처럼 젖산균이 생산하는 EPS(Exopolysaccharides)는 ROS를 제거하는 항산화 효과를 통해 염증성질환의 예방에 기여할 수 있다.

● 장내 병원균에 대한 항균 활성

Probiotics는 병원균을 선택적으로 제어하는 다양한 종류의 bacteriocins을 생산하며, 이들이 장내 유해세균을 억제하는 데 효과를 발휘한다. 연구에 따르면 *Lactobacillus sakei*는 *Listeria monocytogenes*를 억제하는 bacteriocin을 생산하며, *Lactiplantibacillus plantarum*은 Salmonella 등 식중독균을 제어하는 bacteriocin을 생성한다. 김치 발효 과정에서 식중독균이 제거되는 현상은 이러한 bacteriocin의 작용과 관련이 있는 것으로 여겨진다(Kim, Y. S. et al., 2008).

장내에서의 기능 외에도, 의약적 활용이 가능한 Probiotics 유래의 Postbiotics 물질들이 보고되고 있다(Zółkiewicz, J. et al., 2020). 예를 들면 젖산균 배양액, 균체 유래 고분자 물질, 여러 효소, 세포벽 분해물, 단쇄 지방산(SCFAs) 등은 발효산물로서 다양한 생리적 기능을 갖고 있다. 또한 균체 분해산물이나 장내 미생물에 의해 생성된 대사산물도 여러 기능성을 지니는 것으로 밝혀지고 있다. 여성 질 내 환경에서도 젖산균이 젖산을 생성하여 pH를 낮춤으로써 유해 미생물의 감염을 억제하는 역할을 한다.

발효빵에는 효모를 비롯한 다양한 미생물이 관여하며, 발효 후 고온에서 굽는 과정(baking)을 통해 미생물은 사멸하지만, 그 분해산물이 기능성을 발휘하는 것으로 알려져 있다.

Synbiotics

Synbiotics는 Probiotics, Prebiotics와 Postibiotics 공존하는 형태로, 두 성분이 상호작용을 통해 시너지 효과를 발휘함으로써 Probiotics 군집의 성장을 촉진하고 숙주의 장내 환경을 보다 효과적으로 개선하는 데 기여한다(Gibson G. R. et al., 1995). In vivo 및 in vitro 연구 결과, Probiotics와 Prebiotics를 병용할 경우 각각을 단독으로 사용할 때보다 유익한 효과가 뚜렷하게 증가됨이 과학적으로 입증되고 있다(Jiang, H. et al., 2022). 특히 제2형 당뇨병이나 이상지질혈증과 같은 대사질환에서 장내 미생물과의 상호작용 및 그에 따른 시너지 효과에 대한 연구가 활발히 진행되고 있다. 이러한 시너지 효과는 단순한 병용이 아닌 '상호 상승효과(Synergism)'로 이해되며, 일부 Probiotics는 장내에서 Prebiotics 유사 기능을 하는 Postbiotics 대사산물을 생성한다. 따라서 두 성분은 상호 의존적인 관계를 기반으로 약리학적·생리학적 기능성을 함께 발휘하는 것으로 확인되고 있다(Markowiak, P. & Śliżewska K., 2017).

1) Synbiotics 성분과 역할

최근 연구에서는 Probiotics가 생성하는 다양한 대사산물(Postbiotics)과 Prebiotics의 조합을 통해 시너지 효과가 나타날 수 있음이 밝혀지고 있다(Jiang et al., 2022). 예를 들어, 특정 펩타이드와 peptidoglycan이 함께 존재할 경우 혈당 조절 및 면역 기능 증진에 유의한 효과가 보고되었다.

Prebiotics는 단독으로도 장내 유익한 미생물의 성장을 선택적으로 촉진하여 장내 미생물 균형과 항상성 유지에 기여하지만(Cunningham-Rundles, et al., 2000), Probiotics와 함께 작용할 때 그 효과가 더욱 강화된다. 실제로 여러 연구에서 Probiotics와 Prebiotics가 함께 작용하는 Synbiotics 효과가 소화기 건강뿐 아니라 요로계 기능 개선, 항종양 및 항노화 작용 등 폭넓은 생리적 효과와 연관됨이 보고되었다(Rao, 2002). 또한 Synbiotics는 신장 기능 보호, 혈중 지질 농도 조절, 종양 억제, 배뇨 기관 건강 유지, 장내 미생물총의 안정화 등 다양한 이점을 제공하는 것으로 알려져 있다(Maftei, 2018).

이러한 Synbiotics 효과를 뒷받침하는 대표적인 Prebiotics 성분으로는 fructan, inulin, fructooligosaccharide(FOS), galactooligosaccharide(GOS) 및 그 외 여러 oligosaccharide류가 있다. 이들 성분은 장내 유익균의 선택적 증식을 유도하는 기전을 통해 Probiotics와의 상호작용을 매개하며, 다양한 건강 증진 효과를 가능하게 하는 주요 생리활성 물질로 평가된다.

2) Synbiotics의 질병과 관련 기능

Probiotics들이 생산하는 각종 생리활성물질, 즉 단쇄 지방산 등이 공존할 때 장내에서 생리 효과를 향상시키며 이들 작용에 의해서 다양한 질병 억제 효과가 발현되고 있다(Jiang, H., et al 2022). 특히 장내 미생물군집의 항상성, 여러 장내 질병 억제에도 효과를 발휘한다. Synbiotics에 의한 유해한 질병 억제 효과는 아토피질환, 장내 이상 현상, 간성뇌증, 과민성 대장증후군, 대사이상, 그리고 2형 당뇨병 등의 발생 억제도 관계가 있다. Probiotics와 Prebiotics에 의한 Synbiotics 효과는 질병 발병 억제와 함께 나아가 치료 효과까지 기대할 수 있다.

인체의 대장은 많은 질병의 발생과 관련이 있으며, 대장의 건강은 전신 건강의 지표가 된다. 대장 건강은 장내 미생물총과 연관된다는 것은 잘 알려진 현상이다.

(1) 제2형 진성 당뇨병(T2DM)의 억제 기대효과

제2형 진성 당뇨병(T2DM, Type 2 Diabetes Mellitus)의 발병 원인은 아직 완전히 규명되지 않았으나, 장내 미생물군(Gut microbiota)과 밀접한 관련이 있음이 보고되고 있다. 특히 T2DM은 체중 조절, 담즙산 대사, 염증 반응, 인슐린 저항성 및 장내 미생물의 항상성과 긴밀히 연관되어 있다. 이러한 장내 환경을 조절하기 위한 Synbiotics의 활용은 포도당 대사 개선과 인슐린 저항성 완화에 긍정적인 영향을 줄 수 있다.

T2DM 환자의 장내 미생물 구성은 건강한 사람과 차이를 보이는데, 일반적으로 Firmicutes의 비율은 감소하고 Bacteroidetes와 Proteobacteria의

비율은 증가하는 경향이 보고되고 있다. 이와 같은 미생물군 조성의 변화는 T2DM의 발병과 진행에 직접적인 영향을 미친다는 사실이 밝혀지고 있다(Jiang et al., 2022). 이러한 결과는 기존의 약물치료에 더해 장내 미생물 조절을 통한 새로운 치료 전략의 필요성을 시사한다.

(2) 기타 기능들

다른 예로는 lactulose는 소장에서 소화되지 않고 대장으로 이동한 후 장내세균에 의해 저분자 유기산(SCFAs, Short-chain fatty acids)으로 분해되어 장내 pH를 낮추고 배변량을 증가시켜 변비예방에 도움을 준다. 또한 L-arabinose는 자당의 소화를 저해하여 체중감소와 혈당 조절에도 효과적인 것으로 알려져 있다.

특정 프로바이오틱 균주 중 *Lactiplantibacillus plantarum*은 면역조절, 유해 미생물 억제, 혈중 콜레스테롤 저하, 심혈관 질환 예방 등 다양한 생리적 기능을 수행한다.

이러한 결과는 Probiotics가 장내 환경 개선 뿐만 아니라 다양한 질병 예방 및 치료에도 기여할 수 있음을 보여준다. 특히 Synbiotics의 복합적 효과는 Lactiplantibacillus 및 Bifidobacterium의 증식을 유도하여 장내 미생물 균형을 유지하고, 간 기능 개선(예: 간 경변), 면역기능 강화 및 수술 후 병원 감염률 감소에 긍정적인 영향을 미친다(Markowiak et al., 2017).

또한, Probiotics가 생성하는 Postbiotics(SCFAs 등)는 간 내에서 triacylglycerol 저장 및 해독 기능을 조절하고, 지질대사 개선에 관여하며, 피부질환인 습진의 발생을 억제하는 효과도 보고되고 있다. 향후에는 Probiotics,

Prebiotics 및 이들의 대사산물(Postbiotics)을 포함한 Synbiotics의 통합적 작용에 대한 체계적 연구가 지속적으로 이루어져야 할 것이다.

3) Synbiotics를 위한 조합

Probiotics와 Prebiotics와 연계되었을 때 나타나는 다양한 생리적 효과는 여러 연구자에 의하여 밝혀지고 있으며, 각각의 예에서는 특징적인 효과를 제시하고 있다. 예를 들면 fructooligosaccharide와 Probiotics인 L. rhamnosus GG와 *Bifidobacterium animalis* subsp. *lactis*를 함께 투여했을 때 결·직장암의 위험을 감소시켰고 DNA 손상도 경감시켰다. 그 외 여러 Synbiotics 효과도 확인되고 있다(Fimia, A.P., 2018).

몇 가지 Synbiotics의 예를 보면 〈표 3-9〉와 같다(Markowiak, P. et al, 2017).

표 3-9. 건강에 영향을 미치는 Synbiotics의 임상시험 결과

대상	Synbiotics 구성	시험 기간	결과
비만 남성, 여성	*L.rhamnosus* CGMCC.1.3724+inulin	36주	체중감소, leptin 저하
어린이와 고 BMI 성인	*L.casei, L.rhamnosus, S.thermophilus, B.brevis, L.acidophilus, B.longum, L.bulgaricus*+FOS	8주	BMI 감소, 허리둘레 감소
2형 당뇨	*L.acidophilus, L.casei, L.rhamnosus, L.bulgaricus, B.breve*	8주	HOMA-IR 감소, CRP 감소
비알코올성 간질환	*L.casei, L.rhamnosus, S.thermophilus, B.breve, L.acidophilus, B.longum, L.bulgaricus*+FOB	30주	NF-kB와 TNF-α 저해
궤양성 대장염	*B.longum* + 차전자 피	4주	삶의 질 향상
남·여	*Lactobacillus, Bifidobacterium*+FOS	5주	장내 증상 개선, 이상 증상 없음
대장암 환자	*L.rhamnosus GG, B.lactis* Bb12+-inulin	12주	Interferon-γ 증가

〈표 3-9〉에서 보는 바와 같이 특정 Probiotics와 Prebiotics를 혼합하여 투여한 임상시험한 결과 다양한 질병과 증상을 완화하는 효과를 보이고 있다. 즉 Probiotics 단일 급여보다 Prebiotics를 동시 투여에 의하여 효과가 상승(Synbiotics 효과)됨을 알 수 있다.

제시된 연구 결과와 함께 장내 미생물과 함께 Acetylated cellulose를 함께 투여했을 때 체내 지방과 간 지방 감소에 효과가 있다는 것이 확인되고

있다(Takeuchi, et al, 2025).

이들 여러 연구 결과에 의하면 Probiotics나 Prebiotics 단독 사용보다는 혼합투여 시 효과가 높다는 것이 확인되고 있으며 섭취 시 생리적 효과를 높이기 위해서는 연관되는 Prebiotics의 동시 섭취로 Synbiotics 효과를 기대할 수 있다.

4장

발효산업육성 필요성

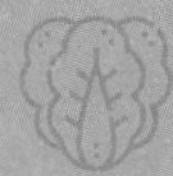   

미생물을 이용하는 발효기술을 기반으로 한 산업은 매우 다양하며(그림 2-1), 발효에 관여하는 미생물 역시 생물체이므로 투입되는 원료와 배양 조건에 따라 다양한 대사산물을 생산할 수 있다. 최근에는 유전공학(Genetic engineering)의 발전으로 미생물의 유전자를 변형하여 목적하는 환경을 만들고 특정물질을 선택적으로 생산하는 기술이 활용되고 있다.

미생물은 크기가 작지만, 자체적으로 독립적인 대사활동을 통해 다양한 생합성 물질을 생산할 수 있어 '미생물 공장(Microbial cell factory)'으로 불리기도 한다. 이는 농작물처럼 태양 에너지가 필수적이거나, 축산업처럼 넓은 초지가 필요한 산업과는 달리, 밀폐된 장치 내에서 조건을 제어하며 고밀도 생산이 가능하다는 점에서 경제성과 효율성을 동시에 갖춘 생산시스템이라 할 수 있다.

또한 생산자의 의도에 따라 발효 조건을 조절함으로써 목적하는 산물을 친환경적이고 경제적으로 생산할 수 있으며, 생산되는 산물은 유기산, 알코올, 항생제, 효소, 바이오폴리머, 기능성물질 등 매우 광범위하다. 특히 유전자변형기술을 활용하여 기존 미생물이 갖고 있는 기능을 변화시키거나 활력을 증강하여, 새로운 대사경로를 부여하여 기존에 존재하지 않던 신물질도 생산할 수 있다.

이와 같은 발효 기반 기술은 바이오산업의 핵심 축으로, 특히 미생물은 그 유전적 가변성, 생육 및 생산 속도의 신속성, 다양한 환경에 적응할 수 있는 유연성 등으로 인해 산업적 가치가 계속 높아지고 있다.

최근 주목받는 분야인 바이오경제(Bioeconomy)는 OECD의 정의에 따르면 "생물자원의 생산과 이를 식품, 소재, 의약품, 에너지 등 유용한 제품으로 전환하는 전 과정에 혁신적 기술을 접목시켜 현실화하는 경제 시스템을 의미한다"(정해영, 2025)라고 하여 생체를 활용한 폭넓은 분야를 포함하고 있으며 미생물 분야가 큰 범위를 차지하고 있다.

글로벌 바이오경제 시장은 2025년까지 약 2조 5천억 달러 규모에 이를 것으로 예상되며, 이는 반도체산업의 3~4배에 해당하는 수준이다. 바이오산업은 생명체 전반에 대한 과학기술을 포함하지만, 그중에서도 미생물은 산업적 활용 측면에서 핵심적 역할을 하고 있다. 발효식품산업을 포함한 전통 발효 기술은 이러한 바이오산업의 기반을 이루며, 향후 디지털 기술과의 융합을 통해 새로운 산업영역으로의 확장이 기대되는 생명공학분야의 중요한 한 축이다.

발효기법 활용 산업 영역

미생물의 다양한 생리·대사 기능을 기반으로 한 발효 기술은 생물 공학적 응용을 통해 여러 산업 분야로 확장, 발전하고 있다. 발효식품은 물론 유용 대사산물과 바이오에너지 생산, 폐수처리, 유기성 폐기물의 자원화 등에서 미생물의 생물학적 기능이 폭넓게 활용되고 있다.

이 절에서는 발효 기술이 적용되는 산업 분야를 영역별로 구분하여 그 특징과 응용 사례를 중심으로 고찰하고자 한다.

1) 발효식품산업

전통 및 현대적 방식으로 제조되는 모든 발효식품은 식품산업의 핵심 영역에 포함되며, 현재 전 세계적으로 5,000종 이상의 다양한 발효식품이 각국에서 생산되어 인류의 식생활을 풍요롭게 만들고 건강지킴이로서 역할을 충실히 하고 있다.

발효식품 생산에 관여하는 미생물들은 대부분 Probiotics로 활용될 수 있으며, 특히 가열처리 없이 섭취되는 발효식품은 관여 미생물이 그대로 섭취됨으로 장 기능개선, 면역력 증진, 나아가 장-뇌축(gut-brain axis)을 통한 신경계 기능 조절에도 긍정적인 영향을 미친다. 또한 발효식품에 함유된 비소화성 탄수화물(non-digestible carbohydrates)은 장내 미생물에 의해 Prebiotics로 이용 가능하며, 발효 과정에서 생성된 유기산, 저분자 펩타이드, 세포벽 구성 물질 등은 Postbiotics로 작용하여 다양한 생리활성 기능을 발휘한다. 이들 Probiotics, Prebiotics, Postbiotics는 발효식품 내에 함께 존재함으로써 상호 상승작용(synergistic effect)을 유도하는 Synbiotics의 기능도 기대할 수 있다.

발효식품은 사용 원료에 따라 곡류, 채소류, 유제품, 육류, 어패류, 해조류 식품 등으로 다양하게 분류되며, 특히 채소류와 유제품을 기반으로 한 발효식품은 세계적으로 널리 소비되는 대표적인 건강식품이다.

최근에는 미세조류(microalgae)를 활용한 발효식품도 개발되어 새로운 식품소재로 주목받고 있다. 이와 같은 이유로 발효식품은 일반식품을 넘어 건강기능식품(functional foods)으로 널리 인식되고 있으며, 그 핵심에는 발효에 관여하는 미생물의 기능성과 대사산물의 생리활성이 관여한다.

지금도 각국에서 다양한 신제품이 지속적으로 개발, 상품화되고 있으며, 기존의 발효식품은 자국의 전통 식문화와 결합되어 국가별 대표 식품으로 자리매김하고 있다.

2) 의약·바이오산업

미생물 발효는 식품뿐 아니라 의약 및 바이오산업에서도 고부가가치 물질을 생산하는 핵심 기술로 발전해왔다. 대표적인 사례는 항생제(Antibiotics) 생산이다. 최초의 항생제인 페니실린(Penicillin)은 1940년대 상용화되었으며, 이후 스트렙토마이신(Streptomycin), 테트라사이클린(Tetracycline) 등 다양한 항생제가 미생물로부터 생산되어 감염병 치료에 혁신적인 전환점을 마련하였다.

이후 발효와 유전자 재조합 기술의 결합을 통해 인슐린(Insulin), 성장호르몬(Growth hormone), B형 간염 백신(Hepatitis B vaccine) 등이 생산되었으며, 인터페론(Interferon), 인터류킨(Interleukin)과 같은 면역조절제도 대표적인 미생물 발효 기반 의약품에 속한다. 최근에는 루테인(Lutein)과 같은 기능성 물질 역시 발효로 생산되고 있다.

오늘날 바이오의약품(Biopharmaceuticals)은 정밀 발효 공정을 통해 대량생산이 가능해졌으며, 특정 미생물이나 세포주를 활용하여 고기능성 물질을 선택적으로 생산할 수 있다. 이러한 기술 발전은 암, 자가면역질환, 희귀질환 등 기존 치료가 어려웠던 분야에 새로운 가능성을 열어 주었으며, 발효 기술은 단순한 생산을 넘어 생물학적 제제 개발의 핵심 플랫폼으로 자리매김하였다.

신세대 발효 기술을 기반으로 세포 외 소포체(Exosome), 단일클론항체(Monoclonal antibody), RNA 백신 등 첨단 의약품도 발효 기반 세포주에서 생산되고 있다. 또한 원천기술 없이도 개발 가능한 바이오시밀러 역시 발효 공정을 통해 제조되고 있다. 앞으로는 박테리아나 효모를 약물 전달 매개체로 활용하는 미생물 기반 약물 전달 시스템이 차세대 바이오의약의 중요한 응용 분야로 주목받을 것이다.

3) 화학 및 바이오소재 생산과 응용

발효 기술은 화학 및 바이오소재 산업에서 핵심적인 생산방식으로 자리잡고 있으며, 다양한 유용 물질의 생물학적 생산을 가능하게 한다. 대표적으로 식품산업에서 널리 활용되는 구연산, 젖산 등 유기산류가 있으며, 이는 주로 곰팡이(*Aspergillus niger*)나 젖산균(Lactobacillus spp.)을 이용한 발효 공정을 통해 얻어진다. 또한 에탄올을 포함한 대부분의 알코올류도 효모(*Saccharomyces cerevisiae* 등)를 활용하여 산업적으로 생산된다.

이들 외에도 조미료용 아미노산(예: 글루탐산나트륨, MSG), 핵산계 조미료(이노신산, 구아닐산 등), 소화 효소(아밀라아제, 프로테아제 등), 세제용 효소(리파아제, 셀룰라아제 등) 등은 특정 미생물의 대사경로를 응용하여 제조된다. 최근에는 유전자 재조합과 대사공학적 접근을 통해 생산성이 크게 향상되고 있다.

앞으로 바이오소재 산업은 단순한 대사산물 생산을 넘어 고기능성 생리활성 물질, 바이오플라스틱 전구체(PHA, PLA 등), 고분자 소재(셀룰로오스 유도체 등), 바이오 촉매 등으로 응용 영역이 확장될 전망이다. 이러한 흐름은 탄소중립과 순환 경제 실현이라는 글로벌 요구에 부응하는 산업 전환점이 될 것이다.

4) 바이오에너지 산업

발효기술은 재생 가능 에너지원의 생산에도 중요한 역할을 하고 있으며, 지속 가능한 에너지 전환의 핵심적 대안으로 주목받고 있다. 대표적으로 바이오에탄올은 사탕수수, 옥수수, 밀 등 탄수화물 원료를 효모(*Saccharomyces cerevisiae*)를 이용해 발효시켜 생산되며, 브라질과 미국 등에서 상업적으로 널리 활용되고 있다. 바이오디젤은 주로 대두유, 팜유 등 식물성 오일이나 폐식용유를 원료로 메탄올과 반응시켜 제조되지만, 최근에는 지질 함량이 높은 미세조류(Microalgae)를 활용한 생물 촉매 기반 생산기술도 활발히 연구되고 있다.

또한 바이오가스는 유기성 폐기물이나 축산분뇨를 혐기성 미생물에 의해 발효시켜 메탄(CH_4)을 생성하는 방식으로, 에너지 생산과 동시에 폐기물 감량효과를 거둘 수 있다. 특히 메탄 생성균(Methanobacterium spp. 등)이 관여하는 과정은 농촌 지역의 자원 순환형 에너지 시스템에 적합하다.

이와 함께 합성가스(Syngas)를 이용한 가스발효(Gas fermentation) 기술도 개발되고 있다. 이는 *Clostridium ljungdahlii* 등 혐기성 세균을 활용해 CO, CO_2, H_2로부터 에탄올 및 다양한 연료 전구체를 생산하는 고도 기술로 각광받고 있다.

5) 농업 분야에서의 활용

토양은 다양한 미생물의 서식처이자 생물학적 활성의 중심이라는 사실은 이미 과학적으로 잘 정립되어 있다. 특히 두류(豆類)의 뿌리에 공생하는 뿌리혹박테리아(Rhizobia)는 대기 중 질소(N_2)를 고정하여 식물에 이용 가능한 형태의 질소화합물(예: 암모늄)로 전환함으로써 식물생육을 촉진한다. 이들은 지속 가능한 농업에서 중요한 생물비료(biofertilizer)의 역할을 담당하고 있다.

또한 *Bacillus thuringiensis*는 특정 곤충의 유충에 선택적으로 작용하는 단백질 독소(Cry toxin)를 생산하여, 생물학적 해충 방제제(biopesticide)로 널리 이용되고 있다. 이 외에도 유익 미생물군(EM, Effective Microorganisms)을 토양에 투입함으로써 토양의 미생물상을 개선하고, 유기물 분해 및 악취 저감 등 부가적인 환경개선 효과도 기대할 수 있다.

앞으로 다양한 생물농약이 계속 발굴됨에 따라 기존의 화학농약 사용량을 줄이고, 생물학적 방법에 기반을 둔 친환경 농업 시스템 구축이 가능할 것으로 기대된다. 이러한 접근은 토양생태계의 회복과 건강한 작물 생육에도 긍정적인 영향을 줄 수 있으며 농업을 친환경산업으로 전환하는 계기가 될 것이다.

6) 환경 산업에서의 활용

환경산업에서는 다양한 유기성 폐기물, 폐수, 오염 토양 등에 특화된 미생물을 적용함으로써 유해 물질을 분해, 제거하는 생물학적 처리(Bioremediation) 기술이 점차 확대되고 있다. 대표적인 예로, 하수 및 폐수 처리장에서는 호기성 또는 혐기성 미생물을 활용하여 유기물, 질소, 인 등의 오염원을 효율적으로 제거하고 있으며, 이는 지속 가능성과 비용 절감 측면에서 중요한 기술로 평가받고 있다. *Pseudomonas putida*, *Alcaligenes eutrophus*(*Cupriavidus necator*) 등 환경 오염 물질(예: 페놀, 중금속 등)을 분해하는 미생물을 적극 활용할 수도 있다.

식품 가공 공정에서 발생하는 유기성 폐기물 역시 미생물 발효를 통해 사료, 퇴비, 바이오가스 등 유용한 자원으로 전환 시킬 수 있다. 특히 축산업에서 배출되는 가축분뇨는 고형물 분리 및 미생물 처리 과정을 거쳐 고품질 유기질 비료로 재활용됨으로써 환경부하를 줄이면서 자원 순환에 기여하고 있다. 또한 모든 폐수처리장은 조건에 맞는 미생물을 이용 폐기성분울 분해, 처리하고 있다.

이와 같은 미생물 기반, 환경 기술은 산업화로 인해 급증하는 다양한 폐기물의 생물학적 처리뿐만 아니라, 기후변화 대응 및 순환 경제(Circular economy)의 핵심 수단으로서 향후 더욱 중요성이 부각 될 것으로 예상된다.

7) 화장품 산업

피부건강과 미용을 위한 기능성 성분, 예를 들어 항산화제, 항노화 물질, 피부장벽 강화제 등은 미생물 발효 기술을 통해 생산될 수 있으며, 이들 성분은 피부로의 흡수율을 높이고, 자극을 줄이며, 효능을 증강하는 데 활용되고 있다. 특히 Lactobacillus 속 젖산균의 발효추출물은 피부의 마이크로바이옴 균형 유지, 염증성 트러블 개선, 보습 유지, 피부톤 개선 등에 유용한 것으로 보고되고 있다. 최근에는 사균화 된 Postbiotics나 그 대사산물을 화장품 원료로 활용하는 연구도 활발히 진행되고 있으며, 이들은 피부 면역반응 조절, 피부 장벽 강화, 항염증 작용 등을 나타낸다. 향후 미생물 발효산물을 기반으로 한 화장품 원료는 기능성, 안정성, 친환경성 측면에서 더욱 다양하고 폭넓게 활용될 가능성이 크다. 아울러 독창성과 차별화된 제품으로 경쟁력을 갖출 수 있을 것이다.

8) 화학섬유 및 바이오 플라스틱 생산

세계적인 환경문제로 대두된 석유 기원 플라스틱을 대체하기 위한 생분해성, 환경 친화성 고분자 물질 이용으로 지구를 살려야 한다는 많은 과학자의 외침이 있다. 석유 기반 플라스틱이 초래한 환경오염 문제에 대응하여, 생분해성 및 친환경성 고분자 물질 개발이 세계적으로 중요한 과제로 부각되고 있다. 미생물 발효 기술은 생분해성 고분자 물질을 지속가능한 방식으로 생산할 수 있는 대안으로 주목받고 있다.

대표적인 바이오 기반 고분자 물질로는 Polyhydroxyalkanoate(PHA)와 Polylactic acid(PLA)가 있으며, 이들은 미생물이 생성한 단량체를 중합하여 얻어지는 고분자 화합물로, 자연환경에서 분해가 가능하다는 장점이 있다. PHA는 *Cupriavidus necator*, *Pseudomonas putida* 등을 이용해서 주로 지방산의 대사 과정을 통해 얻어지고, PLA는 젖산(Lactic acid)을 중합하여 생산된다.

이러한 생분해성 바이오플라스틱은 식품포장재, 일회용 용기, 의약품 캡슐, 농업용 멀칭 필름, 섬유 소재 등 다양한 산업에 적용될 수 있다. 향후 국가별로 생분해성 소재 사용 의무화 정책이 확대될 경우, 미생물 기반 바이오플라스틱 수요는 급증할 것으로 전망된다. 특히 특정 목적에 맞는 미생물 균주의 확보 및 개량, 발효 공정 최적화, 용도의 확대 등을 통해 경제성을 개선하는 기술개발이 병행되어야 할 것이다.

9) 해양산업

고염 및 고압 환경에 적응한 해양미생물은 그러한 극한 조건에서도 생육 및 대사활동이 가능하다는 점에서 고염 식품의 발효에 활용 가능성이 높다. 이들 미생물에서 유래한 효소는 높은 염도와 특정 온도·압력 조건에서도 활성을 유지할 수 있어 고염 조건에서의 생물 전환이나 특수 발효 공정에 유용하다. 특히 일부 미생물은 해조류의 주요 다당류(예: 알긴산, 후코이단, 라미나란 등)를 분해하는 효소를 생산하며, 이를 통해 얻은 저분자 기능성 물질은 식품이나 화장품 원료로 활용될 수 있다.

또한 어업·양식업에서 발생하는 해양 유기성 폐기물(예: 어류 내장, 갑각류 껍질 등)의 자원화 과정에 있어, 해양미생물의 수산물 분해능은 중요한 역할을 할 수 있다. 특히 한국의 전통 식단 특성상 염분 함량이 높은 식품류 및 그 폐기물의 발효처리에는 호염성 미생물의 적용이 필수적이다. 향후 이들 미생물의 유전체 분석, 효소 특성화 연구 등을 통해 고부가가치 기능성 물질의 생산 및 폐기물 자원화 분야에서의 산업적 응용이 더욱 확대될 것으로 기대된다.

10) 동물사료와 동물위생

반추동물의 섬유소 소화력 개선, 장내 미생물 균형 조절, 면역기능 증진 등을 목적으로 한 발효 사료 및 기능성 첨가제의 개발이 활발히 진행되고 있다. 예를 들어, 특정 효모류(*Saccharomyces cerevisiae* 등)를 증식시켜 제조한 발효사료(어류 포함)는 미생물 단백질 공급원으로 활용 가능하며, 일부 섬유소 분해효소의 활성을 보완해 주는 효과도 보고되고 있다.

또한 Probiotics나 Postbiotics 유래 성분을 사료에 첨가하면, 병원성 미생물의 장내 정착을 억제하고 장내 환경을 개선하여 결과적으로 동물의 건강을 증진 시킬 수 있다는 연구가 축적되고 있다. 이는 항생제 사용을 절감시킬 수 있으며, 특히 사료 안전성과 항생제 내성 문제를 고려할 때 중요한 대안으로 검토되어야 한다.

예를 들어, *Lactoplantibacillus plantarum*을 포함한 Probiotics 제제를 닭 사료에 첨가한 실험에서는 *Salmonella enterica*의 장내 증식이 억제된 결과가 일부 보고된 바 있으며, 이는 다른 가금류나 가축에도 적용 가능성이 있다. 그러나 이러한 효과는 특정한 미생물의 특성, 투여량, 동물의 종 및 사육 환경 등에 따라 상이할 수 있으므로, 적용 시 과학적 검증과 사전 평가가 필수적이다.

향후에는 미생물 대사산물의 정밀 분석, 메타게놈 기반 장내 미생물 군집 연구 등을 통해 사료 및 동물 위생 분야에서의 활용 가능성이 더욱 정교하게 확장될 것으로 예상된다.

5장

종합

미생물이 인간의 식생활에 본격적으로 관계를 맺게 된 최초의 계기는 발효식품의 출현이며, 이후 과학의 발달로 발효의 원인이 미생물이라는 사실이 확인되면서, 발효식품뿐만 아니라 다양한 질병의 발생과 치료에도 여러 미생물이 깊이 관련한다는 사실이 밝혀지고 있다. 미생물을 이용한 분야는 넓지만, 특히 발효식품은 인간의 식생활을 풍요롭게 하고 건강을 지켜주는 중요한 매체로 기능 해 왔고 세계 모든 국가는 각각 독특한 발효식품을 갖고 자국의 식문화를 알리는 우수한 매체로 활용하고 있으며 지금도 새로운 형태의 발효식품을 개발, 식생활에 도입하고 있다.

이 저술에서는 발효의 기본과 이들을 이용하는, 발효식품 등 관련분야를 구분하여 기술하였고 건강 기능성과 함께 앞으로 미생물을 이용할 수 있는 영역을 폭넓게 검토하였다. 특히 다양한 미생물이 인체에 유익한 기능을 발휘하는 여러 분야를 구분하여 설명하였고, 그 각각의 역할을 상세히 기술하였다. 인체의 다양한 부위에 공존하는 미생물 군집과 그 유전체 전체를 '마이크로바이옴(Microbiome)'으로 정의하며, 이 중에서도 장내에서 생리기능을 통해 인체에 유익한 역할을 하는 미생물군을 Probiotics로 구분하였다.

Probiotics는 인체 건강에 긍정적인 영향을 주는 다양한 생리작용을 수행하며, 그 종류는 매우 광범위하나 주로 젖산균인 Lactobacillus와 Bifidobacterium이 중심을 이루고 있다. 이 외에도 Bacillus, Lactococcus 등의 균 속이 포함되며, 이들은 법적으로 사용 가능한 균 속 및 균종으로 지정되어 있다. Probiotics가 인체 내에서 효과적으로 기능을 발휘하기 위해서는 생명체로서 성장·활동할 수 있는 먹이, 즉 Prebiotics가 필요하다.

Prebiotics는 인체 내에서 미생물의 먹이로 이용하는 성분으로, 대표적인 예로는 이눌린(inulin), 식이섬유, 올리고당 등이 있다. 이들 성분은 소장에서 소화되지 않고 대장으로 이동한 후, 장내의 Probiotics에 의해 이용된다. Probiotics가 여러 Prebiotics를 기질로 하여 증식하면서 생산하는 생리활성 물질을 Postbiotics라고 하며, 이는 인체에 다양한 긍정적 영향을 미친다. Postbiotics에는 단쇄지방산(SCFA), 니신(nisin), 펩타이드, 펩티도글리칸(peptidoglycan), 효소, 비타민, 세포벽 분해 산물 등이 포함되며, 이들이 장내에서 발현하는 생리기능은 과학적으로 폭넓게 규명되고 있다.

또한, Probiotics에 의해 생성된 물질들이 상호작용하여 생리 효과를 증진 시키는 현상은 Synbiotics 효과(상승효과)로 정의된다. Synbiotics 효과는 다양한 질환 억제에 기여하는 것으로 알려져 있으며, 그 생리 작용은 아토피 질환, 장내 이상 증상, 간성 뇌증, 과민성 대장증후군, 당뇨병 등의 증상 완화에 관여할 뿐 아니라, 최근에는 뇌 기능과의 관련성도 밝혀지고 있다. 특히 비만과도 장내 미생물 및 그 산물과의 관련성이 점차 분명해지고 있다.

이런 개념에서 한국의 전통 발효식품은 Probiotics, Prebiotics 그리고 Postbiotics까지 함께 함유하고 있어 중요한 생리 작용을 하는 급원으로서 인체 건강에 긍정적인 영향을 주는 것이 분명하다. 앞으로 이 분야에 대한 지속적인 연구를 통해 한국 고유 발효식품의 생리활성 및 기능성을 과학적으로 규명해 나가야 할 것이다.

향후 발효식품이 식품으로서 역할과 함께 다양한 기능성이 과학적으로 입증되어 인간의 건강생활에 크게 기여 할 것으로 기대한다. 특히 기능성이 알려지고 있는 Probiotics와 관련 물질들을 더욱 확대하기 위한 연구 개발이 진행되면서 이들 균주와 관련 물질을 기업적으로 생산, 식품소재나 동물사료에 첨가하여 기능성을 높이는 연구가 활성화될 것이다. 특히 Probiotics의 사균체나 이들의 발효산물은 이미 그들의 기능성이 확인되고 있으므로 비교적 수월하게 기능성 소재로서의 제품 활용도를 확대할 가능성이 높다. 예를 들면, 효모의 분해산물(일부 이용되고 있으나)과 세포벽 분해물, 그리고 Lactiplantibacillus 균주의 세포벽 성분은 새로운 기능성 소재로 연구할 충분한 가치가 있다. 특히 미생물의 세포벽 성분은 새로운 기능성 물질로 전망 있는 연구 및 산업영역이 될 것이다.

종합하면 미생물을 이용한 발효 식품과 관련 넓은 산업은 우리의 노력의 강도에 따라 인간에게 무한한 가능성을 열어 주는 좋은 매체가 될 것이다.

참고문헌

- 김상무 (2021). 수산발효식품 한국의 발효식품, 도서 출판 식안연, 266-310.
- 김세미 외 14명 (2023). 마이크로바이옴-암 연구동향. BiolNpro. 국가생명공학정책연구센터. 보고서 1-20.
- 민태익 (1988). 김치 발효와 미생물. 한국조리과학회 4(1). 96-105.
- 백현동 등 (2022). 포스트바이오틱스 분야 동향 보고서. 농림식품기술기획평가원. 보고서 1-44.
- 서건호, 김현숙, 김혜징(2025). 포스트바오틱 시장 동향과 멀티오믹스 기반 기능성 평가 기술개발전략. 농림식품기술기획평가원(2025년 식품R&D 동향보고서)
- 서일권, 원영선 (2021). 식초 발효 산업의 현황과 발전 방향. 도서 출판 식안연, 313-354.
- 식품의약품안전평가원, 기획조정과 (2022). 식의약 R&D 이슈 보고서. 식품의약품안전평가원. 보고서 (2022. 7.)
- 신동화a (2025). 건강을 지켜주는 발효식품이야기. 자유 아카데미, 12-13.
- 신동화b (2025). 건강을 지켜주는 발효식품이야기. 자유 아카데미, 127-260.
- 얀 데이비슨, 성동은, 이자연, 곽호석 옮김 (2018), 절임 식품의 역사 북 스힐, 7-11.
- 이철호(2017). 한국 음식의 역사, 자유아카데미, 53-57.
- 정동효 (2012)a. 중국의 주요 발효식품. 발효식품대전. 유한문화사. 385-406.
- 정동효 (2012)b. 일본의 주요 발효식품. 발효식품대전. 유한문화사. 407-425.
- 최홍식 (2004). 김치의 발효아 식품과학. 도서출판 효일. 15-106.

- Ayivi, R. D., Gyawali, R., Krastanov, A., Aljaloud, S. O., Worku, M., Tahergorabi, R., Silva, R. C. da, & Ibrahim, S. A. (2020). Lactic Acid Bacteria: Food Safety and Human Health Applications. Dairy 2020, Vol. 1, 202-232, 1(3), 202–232. https://doi.org/10.3390/DAIRY1030015

- Aidoo, K. E., Rob Nout, M. J., & Sarkar, P. K. (2006). Occurrence and function of yeasts in Asian indigenous fermented foods. FEMS Yeast Research, 6(1), 30–39. https://doi.org/10.1111/J.1567-1364.2005.00015.X,
- Arora, K., Ameur, H., Polo, A., di Cagno, R., Rizzello, C. G., & Gobbetti, M. (2021). Thirty years of knowledge on sourdough fermentation: A systematic review. Trends in Food Science & Technology, 108, 71–83. https://doi.org/10.1016/J.TIFS.2020.12.008
- Barnett, M. P. G., McNabb, W. C., Roy, N. C., Woodford, K. B., & Clarke, A. J.(2014). Effects of A1 and A2 β-casein on gastrointestinal physiology and symptoms in humans: A systematic .Journal.: Critical Reviews in Food Science and Nutrition,. 54(6): 821–829..DOI: 10.1080/10408398.2011.588163
- Bhat, R. V., Rai, R. N., & Beedu, S. R. (1991). Mycotoxins and food safety in developing countries. In Mycotoxins and Phycotoxins. 193–202). Elsevier.(곰팡이 독소)
- Brewster, E. (2025). Gut Check: Biotic Ingredients on the move. Food Technology magazine (IFT). March. 7.
- Business Research Insight (2024) – 발효식품에 따옴
- Carr, F. J., Chill, D., & Maida, N. (2002). The lactic acid bacteria: A literature survey. Critical Reviews in Microbiology, 28(4), 281–370. https://doi.org/10.1080/1040-840291046759,
- Cuamatzin-García, L., Rodríguez-Rugarcía, P., El-Kassis, E. G., Galicia, G., Meza-jiménez, M. de L., Baños-lara, M. D. R., Zaragoza-maldonado, D. S., & Pérez-Armendáriz, B. (2022). Traditional Fermented Foods and Beverages from Around the World and Their Health Benefits. Microorganisms, 10(6), 1151. https://doi.org/10.3390/MICROORGANISMS10061151
- Demberel, Sh. Narmandakh, D. Davaatseren, N. (2016) Ethnnic fermented foods and beverages of Mongolia. In Ethnic Fermented Foods and Alcoholic

Beverages of Asia. Springer, India. 165-165-192

- Dimidi, E., Cox, S. R., Rossi, M., & Whelan, K. (2019). Fermented Foods: Definitions and Characteristics, Impact on the Gut Microbiota and Effects on Gastrointestinal Health and Disease. Nutrients, 11(8), 1806. https://doi.org/10.3390/NU11081806
- Ding, W., Bai, Y. and Rose, D. J.(2025). Influence of Nonenzymatic Browning Reactions on the Digestibility and Gut Microbiota Fermentation of Starch and Protein. Comprehensive Reviews in Food Science and Food Safety, 24(7), e70299. https://doi.org/10.1111/1541-4337.70299
- Doron, S. and Snydman, D. R.(2015). Risk and Safety of Probiotics. Clin Infect Dis. Apr. 28;60(Suppl 2):S129–S134. doi: 10.1093/cid/civ085
- Eugenia, M., Jimenez, M. E., Donovan, C. M.,, O'Donovan, C. M., de UllivarriMiguel, M. F., Fernandez de Ullivarri, Cotter D. F. and Cotter, P. D.(2022) Microorganisms present in artisanal fermented food from South America. Front. Microbiol., 13, https://doi.org/10.3389/fmicb.2022.941866 08 September
- Farnworth, E. R. (2003). The Future for Fermented Foods. in Handbook of Fermented Functional Food. CRC Press. 361-378.
- Femia, A. P., et al. (2018). Inulin and oligofructose in combination with probiotics reduce colon cancer precursors in azoxymethane-treated rats. Journal of Nutritional Biochemistry, 54, 85-95.
- Fentie, E. G., Lim, K. M., Jeong, M. S., Shin, J.H.(2024), A comprehensive review of the characterization, host interactions, and stabilization advancements on probiotics: Addressing the challenges in functional food diversification. Comprehensive Review. 23(5). https//doi.org/10.1111/1541-4337.13424
- Fienup-Riordan, A. (1983). The Nelson Island Eskimo: Social Structure and Ritual Distribution. Anchorage: Alaska Pacific University Press.

- Fietto, J. L. R., Araújo, R. S., Valadão, F. N., Fietto, L. G., Brandão, R. L., Neves, M. J., Gomes, F. C. O., Nicoli, J. R., & Castro, I. M. (2004). Molecular and physiological comparisons between Saccharomyces cerevisiae and Saccharomyces boulardii. Canadian Journal of Microbiology, 50(8), 615–621. https://doi.org/10.1139/W04-050,
- Fuller, R. (1989). Probiotics in man and animals. Journal of Applied Bacteriology, 66(5), 365–378. .https://doi.org/10.1111/j.1365-2672.1989.tb05105.
- Galdeano, C. M., de Moreno De Leblanc, A., Carmuega, E., Weill, R., & Perdigón, G. (2009). Mechanisms involved in the immunostimulation by Probiotics fermented milk. Journal of Dairy Research, 76(4), 446–454. https://doi.org/10.1017/S0022029909990021,
- Gasbarrini, G., Bonvicini, F., & Gramenzi, A. (2016). Probiotics History. Journal of Clinical Gastroenterology, 50, S116–S119. https://doi.org/10.1097/MCG.0000000000000697,
- Gerez, C. L., Torino, M. I., Rollán, G., & Font de Valdez, G. (2009). Prevention of bread mould spoilage by using lactic acid bacteria with antifungal properties. Food Control, 20(2), 144-148. https://doi.org/10.1016/J.FOODCONT.2008.03.005
- Gibson, G. R. Roberfroid, M. B.(1995). Dietary modulation of the human colonic microbiota: Introducing the concept of prebiotics. Journal of Nutrition, 125, 1401–1412.
- Gibson, G. R., Probert, H. M., Van Loo, J. and Rastall, R. A.(2004). Deitary modulation of the human colonic microbiota: Updating the concept of prebiotics. Nutri. Res. Rev. 17, 259–275
- Gill, H. and Prasad, J.(2008). Probiotics, immunomodulation, and health benefits. Review Adv Exp Med Biol.. 2008:606:423-54. doi: 10.1007/978-0-387-74087-4_17.

- Gill, H. S., Rutherfurd, K. J., Prasad, J., & Gopal, P. K. (2000). Enhancement of natural and acquired immunity by Lactobacillus rhamnosus (HN001), Lactobacillus acidophilus (HN017) and Bifidobacterium lactis (HN019). British Journal of Nutrition, 83(2), 167–176. https://doi.org/10.1017/S0007114500000210,
- Grand View Research. (2023). Probiotics market size, share & trends analysis report by product (food & beverages, dietary supplements), by ingredient (bacteria, yeast), by distribution channel, by end use, by region, and segment forecasts, 2023—2030. Grand View Research. https://www.grandviewresearch.com/industry-analysis/probiotics-market
- Gu, Y., Liu, T., Al-Ansi, W., Qian, H., Fan, M., Li, Y., & Wang, L. (2025). Functional microbiome assembly in food environments: addressing sustainable development challenges. Comprehensive Reviews in Food Science and Food Safety , 24(1), e70074. https://doi.org/10.1111/1541-4337.70074;JOURNAL:JOURNAL:15414337;WGROUP:STRING:PUBLICATION
- Hearne, S. (1795). A Journey from Prince of Wales's Fort in Hudson's Bay to the Northern Ocean.
- Hou, K., Wu, Z. X., Chen, X. Y., Wang, J. Q., Zhang, D., Xiao, C., Zhu, D., Koya, J. B., Wei, L., Li, J., & Chen, Z. S. (2022). Microbiota in health and diseases. Signal Transduction and Targeted Therapy 2022 7, 135. https://doi.org/10.1038/s41392-022-00974-4
- Ibrahim, S. A., Yeboah, P. J., Ayivi, R. D., Eddin, A. S., Wijemanna, N. D., Paidari, S., & Bakhshayesh, R. v. (2023). A review and comparative perspective on health benefits of Probiotics and fermented foods. International Journal of Food Science and Technology, 58(10), 4948–4964. https://doi.org/10.1111/IJFS.16619;PAGE:STRING:ARTICLE/CHAPTER
- Isolauri, E., Arvola, T., Sutas, Y., Moilanen, E., & Salminen, S. (2000). Probiotics in the management of atopic eczema. Clinical and Experimental Allergy,

30(11), 1605–1610. https://doi.org/10.1046/J.1365-2222.2000.00943.X,

- Kephart, H. (1913). Our Southern Highlanders
- Kiers, J. L., van Laeken, A. E. A., Rombouts, F. M., & Nout, M. J. R. (2000). In vitro digestibility of Bacillus fermented soya bean. International Journal of Food Microbiology, 60(2–3), 163–169. https://doi.org/10.1016/S0168-1605(00)00308-1
- Kim, H., Haque, A., Razzak, A., Jang, M. J., Song, S.H., Ku, S. M. (2026) Probiotic Development Strategy Centered on Stability and Regulatory Considerations. COMPREHENSIVE REVIEW. https://dol.org/10.1111/1541-4337.70320
- Kim, H. S., & Gilliland, S. E. (1983). Lactobacillus acidophilus as a Dietary Adjunct for Milk to Aid Lactose Digestion in Humans. Journal of Dairy Science, 66(5), 959–966. https://doi.org/10.3168/jds.S0022-0302(83)81887-6
- Kim, S. K., Guevarra, R. B., Kim, Y. T., Kwon, J., Kim, H., Cho, J. H., Kim, H. B., & Lee, J. H. (2019). Role of probiotics in human gut microbiome-associated diseases. Journal of Microbiology and Biotechnology, 29(9), 1335–1340. https://doi.org/10.4014/JMB.1906.06064,
- Kim, Y. S., Zheng, Z. bin, & Shin, D. H. (2008). Growth inhibitory effects of kimchi (Korean traditional fermented vegetable product) against Bacillus cereus, Listeria monocytogenes, and Staphylococcus aureus. Journal of Food Protection, 71(2), 325–332. https://doi.org/10.4315/0362-028X-71.2.325,
- Kubo, Y., Rooney, A. P., Tsukakoshi, Y., Nakagawa, R., Hasegawa, H., & Kimura, K. (2011). Phylogenetic analysis of Bacillus subtilis strains applicable to natto (fermented soybean) production. Applied and Environmental Microbiology, 77(18), 6463–6469. https://doi.org/10.1128/AEM.00448-11,
- Kurtzman, C., Fell, J. W. and Boekhout, T. (2011). The Yeasts: A Taxonomic Study. 5th edition. Elsevier, NewYork. 23-47.
- Lee, C. H., Ahn, J., & Son, H. S. (2024). Ethnic fermented foods of the world:

an overview. Journal of Ethnic Foods, 11(1), 1–21. https://doi.org/10.1186/S42779-024-00254-2/FIGURES/8

- Lee, M. L., Yi, S. H., Choi, J. H., Park, Y. Y., Lim, C. H. and Kim, Y. C.(2024). Genomic Insights into Stutzerimonas kunmingensis FRC-KFRI-1 Isolated from Manila Clam (Ruditapes philippinarum): Functional and Phylogenetic Analysis. Microorganisms. 12, 2402. https://doi.org/10.3390/microorganisms12122402
- Leeuwendaal, N. K., Stanton, C., O'Toole, P. W., & Beresford, T. P. (2022). Fermented Foods, Health and the Gut Microbiome. Nutrients, 14(7), 1527. https://doi.org/10.3390/NU14071527
- Li, A., Yang, G., Wang, Z., Liao, S., Du, M., Song, J., & Kan, J. (2024). Comparative evaluation of commercial Douchi by different molds: Biogenic amines, non-volatile and volatile compounds. Food Science and Human Wellness, 13(1), 434–443. https://doi.org/10.26599/FSHW.2022.9250037
- Lilly, D. M., & Stillwell, R. H. (1965). Probiotics: Growth-promoting factors produced by microorganisms. Science, 147(3659), 747–748. https://doi.org/10.1126/SCIENCE.147.3659.747,
- Liong, M. T., & Shah, N. P. (2005). Bile salt deconjugation ability, bile salt hydrolase activity and cholesterol co-precipitation ability of lactobacilli strains. International Dairy Journal, 15(4), 391–398. https://doi.org/10.1016/J.IDAIRYJ.2004.08.007
- Lye, H. S., Kuan, C. Y., Ewe, J. A., Fung, W. Y., & Liong, M. T. (2009). The Improvement of Hypertension by Probiotics: Effects on Cholesterol, Diabetes, Renin, and Phytoestrogens. International Journal of Molecular Sciences, 10(9), 3755-3775. https://doi.org/10.3390/IJMS10093755
- Ma, X., Jiang, J., Qian, H., Li, Y., Fan, M., Wang, L. (2025). Nutritional Heterogeneity of Dietary Proteins: Mechanisms of Gut Microbiota-Mediated Metabolic Regulation and Health Implications. COMPREHENSIVE REVIEW.

24(8). https://doi.org/10.1111/1541-4337.70274.

- Mackowiak, P. A. (2013). Recycling Metchnikoff: Probiotics, the Intestinal Microbiome and the Quest for Long Life. Frontiers in Public Health, 1(NOV), 52. https://doi.org/10.3389/FPUBH.2013.00052
- Markowiak P, Śliżewska K. Effects of Probiotics, Prebiotics, and Synbiotics on Human Health. Nutrients. 2017;9(9):1021. doi:10.3390/nu9091021.
- McGovern, P. E., Zhang, J., Tang, J., Zhang, Z., Hall, G. R., Moreau, R. A., Nuñez, A., Butrym, E. D., Richards, M. P., Wang, C. S., Cheng, G., Zhao, Z., & Wang, C. (2004). Fermented beverages of pre- and proto-historic China. Proceedings of the National Academy of Sciences of the United States of America, 101(51), 17593–17598. https://doi.org/10.1073/PNAS.0407921102/ASSET/6A35000B-8A2D-40B4-B3E9-35D0A9021D0E/ASSETS/GRAPHIC/ZPQ0010568390003.JPEG
- Megur, A., Daliri, E. B. M., Baltriukienė, D., & Burokas, A. (2022). Prebiotics as a Tool for the Prevention and Treatment of Obesity and Diabetes: Classification and Ability to Modulate the Gut Microbiota. International Journal of Molecular Sciences, 23(11), 6097. https://doi.org/10.3390/IJMS23116097
- Nagata, Y., Yamamoto, M., Yamada, K., Mine, T., & Nishihira, J. (2011). Effect of Lactobacillus casei strain Shirota-fermented milk on natural killer cell activity in healthy elderly subjects: A randomized, double-blind, placebo-controlled trial.

  Biogerontology, 12(3), 191–198. https://doi.org/10.1007/s10522-010-9300-0
- Nisa, M., Dar, R. A., Fomda, B. A., & Nazir, R. (2023). Combating food spoilage and pathogenic microbes via bacteriocins: A natural and eco-friendly substitute to antibiotics. Food Control, 149. https://doi.org/10.1016/J.FOODCONT.2023.109710
- Nout, M. J. R. and Aidoo, K. E. (2002). Asian Fungal Fermented Food. In: The

Mycota, ed. Osiewacz, Hop., Springer-Verlag, NewYork. 23-47

- O'Keefe, S. J. D. (2016). Diet, microorganisms and their metabolites, and colon cancer. Nature Reviews Gastroenterology and Hepatology, 13(12), 691–706. https://doi.org/10.1038/NRGASTRO.2016.165,
- Olasupo, N. A., Odunfa, S. A. and Obayori, O. S.(2010). Ethnic African Fermented Foods. In Fermented Foods and Beverages of world. Ed. Tamang, J. P., 323-352
- Ozen, M., & Dinleyici, E. C. (2015). The history of probiotics: The untold story. Beneficial Microbes, 6(2), 159–165. https://doi.org/10.3920/BM2014.0103,
- Park, I. M. and Mohamed Mannaa, M.(2025). Fermented Foods as Functional Systems: Microbial Communities and Metabolites Influencing Gut Health and Systemic Outcomes. Foods. 14(13), 2292; https://doi.org/10.3390/foods14132292.
- Parker, A. C. (1910). Iroquois Uses of Maize and Other Food Plants. Albany: University of the State of New York.
- Parkouda, C., Nielsen, D. S., Azokpota, P., Ivette Iréne Ouoba, L., Amoa-Awua, W. K., Thorsen, L., Hounhouigan, J. D., Jensen, J. S., Tano-Debrah, K., Diawara, B., & Jakobsen, M. (2009). The microbiology of alkaline-fermentation of indigenous seeds used as food condiments in Africa and Asia. Critical Reviews in Microbiology, 35(2), 139–156. https://doi.org/10.1080/10408410902793056,
- Precedence Research(2025). Probiotics Market Size, Share and Trends 2025 to 2034. (2025, 6. 24)
- Rao, S. S. C., Rehman, A., Yu, S., de Andino, N. M.(2018). Brain fogginess, gas and bloating: a link between SIBO, probiotics and metabolic acidosis. Observational Study. Clin Transl Gastroenterol 19;9(6):162. doi:10.1038/s41424-018-0030-7.
- Ray, A. J. (1974). Indians in the Fur Trade: Their Role as Hunters, Trappers,

and Middlemen in the Lands Southwest of Hudson Bay, 1660–1870.

- Romano, P., Capece, A. and Jespersen, L. (2006). Taxonomic and Ecological Diversity of Food and Beverage Yeasts. In:Querol, A., Fleet, G. H. ed. The Yeast Handbook-Yeast in Food and Beverages, Springer-Verlag Berlin, 13-53
- Salminen, S., Collado, M. C., Endo, A., Hill, C., Lebeer, S., Quigley, E. M. M., Sanders, M. E., Shamir, R., Swann, J. R., Szajewska, H., & Vinderola, G. (2021). The International Scientific Association of Probiotics and Prebiotics (ISAPP) consensus statement on the definition and scope of postbiotics. Nature Reviews Gastroenterology & Hepatology 2021 18:9, 18(9), 649–667. https://doi.org/10.1038/s41575-021-00440-6
- Salminen, S., Wright, A. V. and Ouwehand, A. (2004). Lactic acid bacteria. Microbiological and Functional Aspects, 3rd ed, NewYork. Marcel. Dekker.
- Salminen, S., Collado, M. C., Endo, A., Hill, C., Lebeer, S., Quigley, E. M. M. and Sanders, M. E. (2021). The International Scientific Association of Probiotics and Prebiotics (ISAPP) consensus statement on the definition and scope of postbiotics. Nature Reviews Gastroenterology & Hepatology, 18(9), 649–667. https://doi.org/10.1038/s41575-021-00440-6
- Sánchez, B., Barquera, S. D. L. B. E. Martínez Carrillo, B. E., Aguirre Garrido, J.F., Martínez Méndez, R., Benítez Arciniega, A. D., Valdés Ramos, R. and Alexandra Estela Soto Piña, A. E. S.(2022). Emerging Evidence on the Use of Probiotics and Prebiotics to Improve the Gut Microbiota of Older Adults with Frailty Syndrome: A Narrative Review. Journal of Nutrition. Volume 26, pages 926–935,
- Sharma, R., Garg, P., Kumar, P., Bhatia, S. K., & Kulshrestha, S. (2020). Microbial Fermentation and Its Role in Quality Improvement of Fermented Foods. Fermentation 2020, Vol. 6, Page 106, 6(4), 106. https://doi.org/10.3390/FERMENTATION6040106

- Shokryazdan, P., Faseleh Jahromi, M., Navidshad, B., & Liang, J. B. (2017). Effects of prebiotics on immune system and cytokine expression. Medical Microbiology and Immunology, 206(1). https://doi.org/10.1007/S00430-016-0481-Y,
- Stiles, M. E., & Holzapfel, W. H. (1997). Lactic acid bacteria of foods and their current taxonomy. International Journal of Food Microbiology, 36(1), 1–29. https://doi.org/10.1016/S0168-1605(96)01233-0
- Suez, J., and Elinav, E. (2017). The path towards microbiome-based metabolite treatment. Nature Microbiology, 2, 17075. https://doi.org/10.1038/nmicrobiol.2017.75
- Tadashi Takeuchi, T., Miyauchi, E., Nakanishi, Y., Yusuke Ito, Y., Kato, T., Katsuki Yaguchi, K., Kawasumi, M., Tachibana, N., Ayumi Ito, A., Shu Shimamoto, S., Akinobu Matsuyama, A., Nobuo Sasaki, N., Ikuo Kimura, I., and Hiroshi Ohno, H.(2025). Acetylated cellulose suppresses body mass gain through gut commensals consuming host-accessible carbohydrates. Cell Metab, https://doi.org/10.1016/j.cmet.2025.04.013
- Tabrizi, R. 1,, Ostadmohammadi, V., Lankarani, K.B., Akbari, M.,, Akbari, H., Vakili, S., 5, Shokrpour, M., 6, Kolahdooz, F., Vajihe Rouhi, V., and Zatollah Asemi, Z.(2019). The effects of Probiotics and Synbiotics supplementation on inflammatory markers among patients with diabetes: A systematic review and meta-analysis of randomized controlled trials Eur J Pharmacol. doi:10.1016/j.ejphar.2019.04.003.
- Takeuchi, T., Miyauchi, E., Nakanishi, Y., Yusuke Ito, Y., Kato, T., Katsuki Yaguchi, K., Kawasumi, M., Tachibana, N., Ayumi Ito, A., Shu Shimamoto, S., Akinobu Matsuyama, A., Nobuo Sasaki, N., Ikuo Kimura, I., and Hiroshi Ohno, H.(2025). Acetylated cellulose suppresses body mass gain through gut commensals consuming host-accessible carbohydrates. Cell Metab, https://doi.

org/10.1016/j.cmet.2025.04.013

• Tam, V. T. T. and Ton That Huu Dat, T. T. H.(2025). Probiotic Potential of the Yeast Strain *Meyerozyma caribbica* TV2 Isolated from the Wild Bird Pycnonotus. Microbiol. Biotechnol. Lett. (2025), 53(4), 520–529 HYPERLINK "http//dx.doi.org/10.48022/mbl.2510.10009"http://dx.doi.org/10.48022/mbl.2510.10009

• Tamang, J. P. (2010). Diversity of fermented foods. In:Tamang J. P, Kailasapathy K., Eds. Fermented Foods and Beverages of the World, CRC Press, NewYork, 41-84

• Tamang, J. P. Thapa, N., Tamang B., Rai, A. and Chettri, R. (2015). Microorganisms in Fermented Foods and Beverages. CRC Press. 1-129

• Tamang, J. P. (2016). Ethnic Fermented Foods and Alcoholic Beverages of Asia. Springer.

• Tamang, J. P. Thapa .N., Bhalita T, C., and Savitri.(2026). Ethnic fermented foods and beverage in India. Springer. India, 17-72

• Tebyanian, H., Bakhtiari, A., Karami, A., & Kariminik, A. (2017).

• Thapa, N. and Tamang, J.P. (2015). Functionality and therapeutic values of fermented foods. In: Health Benefits of Fermented Foods and Beverages. ed. Tamang, J.P. CRC Press, 111-139.

• Wan, M.L.Y., Ling, K. H., El-Nezami, H., & Wang, M. F. (2019). Influence of functional food components on gut health. Critical Reviews in Food Science and Nutrition, 59(12), 1927–1936. https://doi.org/10.1080/10408398.2018.1433629,

• Watanabe, K., Fujimoto, J., Sasamoto, M., Dugersuren, J., Tumursuh, T. and Demberel, S. (2008). Diversity of lactic acid bacteria and yeast in Airag and Tarag, traditional fermented milk products of Mongolia. World Journal of Microbiology and Biotechnology, 24. 1313-1325

• Yeboah, P. J., Wijemanna, N. D., Eddin, A. S. Williams, L. L. and Ibrahim, S. A/.

(2023). Lactic Acid Bacteria: Review on the Potential Delivery System as an Effective Probiotics. In: Dairy processing –From Basise to Advances. London. United Kingdom. In tech. Open

- Zengler, K., & Zaramela, L. S. (2018). The social network of microorganisms — how auxotrophies shape complex communities. Nature Reviews. Microbiology, 16(6), 383-396. https://doi.org/10.1038/S41579-018-0004-5
- Zheng, J., Wittouck, S., Salvetti, E., Franz, C. M. A. P., Harris, H. M. B., Mattarelli, P., O'toole, P. W., Pot, B., Vandamme, P., Walter, J., Watanabe, K., Wuyts, S., Felis, G. E., Gänzle, M. G., & Lebeer, S. (2020). A taxonomic note on the genus Lactobacillus: Description of 23 novel genera, emended description of the genus Lactobacillus beijerinck 1901, and union of Lactobacillaceae and Leuconostocaceae. International Journal of Systematic and Evolutionary Microbiology, 70(4), 2782–2858. https://doi.org/10.1099/IJSEM.0.004107/CITE/REFWORKS
- Żółkiewicz J., Marzec A., Feleszko W. Postbiotics(2020). A Step Beyond Pre- and Probiotics. Nutrients. 12(8):2189. doi:10.339/nu1

찾아보기

ㅅ

ㅇ

발효, 문명을 빚고 생명을 살리다

Probiotics: 기능성을 넘어 미래산업으로

저　　자　신동화
발 행 인　김지영
발 행 처　자유아카데미
주　　소　경기도 파주시 회동길 37-42
　　　　　파주출판도시
전　　화　031-955-1321
팩　　스　031-955-1322
홈페이지　www.freeaca.com
전자우편　main@freeaca.com (대표)
　　　　　editor@freeaca.com (편집)
　　　　　crm@freeaca.com (영업)
등　　록　제406-2003-017호, 1980. 7. 12
제1판1쇄　2026년 2월 10일 발행

ISBN 979-11-5808-812-5 93570

본 저서는 농심그룹 율촌재단의 재원을 지원받아 출판되었기로 이에 심심한 감사를 표합니다.